AMPÉLOGRAPHIE

TOURANGELLE

par

Auguste CHAUVIGNÉ

... pendant au Comité des Travaux Historiques et scientifiques,
... membre de la Société d'Agriculture, Sciences
Arts et Belles Lettres d'Indre-et-Loire
membre de la Société de Géographie de Tours
Propriétaire Viticulteur

PLANCHES EN COULEURS

DONNÉES CHAQUE ANNÉE

AUX ABONNÉS DE LA *REVUE DE VITICULTURE*

La Revue de Viticulture donne en prime, à ses abonnés, de nombreuses et superbes planches en couleur (chromolithographies) qui forment des séries, constituant certainement la plus belle collection de gravures coloriées qui ait jamais été publiée sur la Viticulture et l'Œnologie.

Ont paru, à ce jour, 200 *planches* dont il reste des *exemplaires pour les suivantes* :

1ʳᵉ Série. — Cépages américains.

Berlandieri n° 2 ; Berlandieri × Riparia n° 157-11, Chasselas × Berlandieri n° 41 B, Mourvèdre × Rupestris n° 1202, Riparia × Berlandieri n° 33, Riparia × Berlandieri n° 420-A, Riparia du Colorado, Riparia × Rupestris n° 101-14, Rupestris du Lot.

2ᵉ Série. — Ampélographie française et étrangère.

Alicante-Bouschet ; Aspiran ; Bicane ; Cannon Hall ; Carignan ; Chasselas ; Corinthe ; Muscat d'Alexandrie ; Sauvignon ; Sultanina ; Touriga. Un panier de raisins.

3ᵉ Série. — Maladies de la vigne.

Acariose ; Anthracnose ; Broussin ; Brunissure ; Chlorose ; Cladosporium ; Court-noué ; Cicoute de la vigne ; Erinose ; Gélivure ; Gomme des Raisins ; Greffe en Clandestina ; Maladie rouge ; Mélanose ; Mildiou et Rot brun ; Mildiou et Rot Gris ; Oïdium ; Phthiriose de la vigne ; Pourriture grise ; Rot blanc ; Septosporium ; Stearophora ; Verrues.

4ᵉ Série. — Insectes de la vigne.

Acarien de la vigne ; Altise ; Cécidomie et Hanneton commun ; Cicadelles ; Cigarier ; Cochylis et Grisette de la vigne ; Cochylis et Eudémis ; Criquets ; Gribouri marin de la vigne ; Rhizotrogus Vitium ; Lésions phylloxériques ; Cochenilles ; Vers gris ; Otiorhynques ; Phylloxéra ; Pyrale ; Sphinx ; Vers blancs ... Les Ennemis naturels des Insectes ampélophages ; Les Insectophages de la vigne ; Invasion de l'Altise dans le Bordelais.

5ᵉ Série. — Vinification et œnologie.

Vins blancs ; Intensité colorante des moûts ; Microbes divers des vins rouges vinifiés en blanc ; Levures de vin ; Le monte-charge électrique ... J. Calvet ; Les Insectes des bouchons de liège ; Les ... bouteilles du Bordelais ; Marché des vins.

6ᵉ Série. — Agriculture.

... acide cyanhydrique (variétés du *Phaseolus Lunatus*) ... les mésanges.

7ᵉ Série. — Gravures artistiques.

... passion ; École pratique de viticulture Moët et Chandon ; ... Le Vieil de Saint-Étienne-du-Mont ; Les Vendanges.

8ᵉ Série. — Cartes viticoles.

La Champagne ; La Gironde ; La région de Beaulieu ; ... de thé ; La Palestine ; Carte viticole ... ; ... La production vinicole de la France.

AMPÉLOGRAPHIE
TOURANGELLE

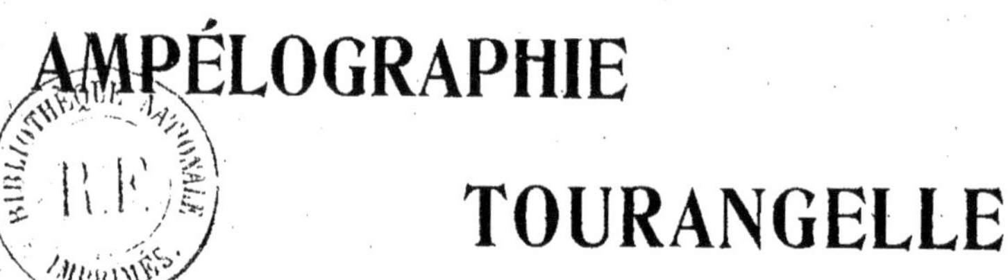

PAR

Auguste CHAUVIGNÉ

Membre non résidant du Comité des Travaux historiques et scientifiques.
Secrétaire perpétuel de la Société d'Agriculture, Sciences,
Arts et Belles-Lettres d'Indre-et-Loire.
Président honoraire de la Société de Géographie de Tours,
Propriétaire-Viticulteur.

PARIS
LIBRAIRIE AGRICOLE DE LA MAISON RUSTIQUE
26, rue Jacob, 26

1914

INTRODUCTION

Depuis la publication, en 1854, de la troisième édition de *L'Ampélographie universelle ou traité des cépages les plus estimés de tous les vignobles de quelque renom*, par le comte Odart, viticulteur éminent, à la Dorée, commune d'Esvres, Indre-et-Loire, aucune étude, aucun ouvrage spécialement approfondi, n'a été publié sur les cépages cultivés en Touraine. La science, par ses maîtres ampélographes modernes — tels que M. Pierre Viala dans son admirable *Ampélographie universelle*, pour ne parler que de cet ouvrage — a cependant fait d'énormes progrès, elle a fouillé bien des mystères, éclairé bien des erreurs, étendu l'horizon vers un monde infini de découvertes. Les recherches nouvelles ont établi les bases de toute étude future, mais ont montré aussi, d'autant plus clairement, l'énorme lacune laissée depuis plus de 50 ans dans l'étude ampélographique de notre région tourangelle.

Il nous a semblé que ce vide devait être comblé et qu'il y avait un intérêt local puissant à rajeunir un problème dont la solution a vieilli, à montrer l'état actuel de nos connaissances, en y joignant la modeste contribution de nos études personnelles.

Nous prendrons donc, dans cette étude, un à un, tous les cépages cultivés en Touraine, soit dans le passé, soit dans le présent, nous en ferons la description complète, de façon à préciser, selon les recherches modernes, leurs origines, leur nature et leurs caractères, en donnant les développements utiles aux variétés nouvelles introduites dans le pays, depuis la reconstitution, et en faisant suivre le tout d'une nomenclature des cépages disparus ou de ceux cultivés à titre d'exception.

AMPÉLOGRAPHIE TOURANGELLE

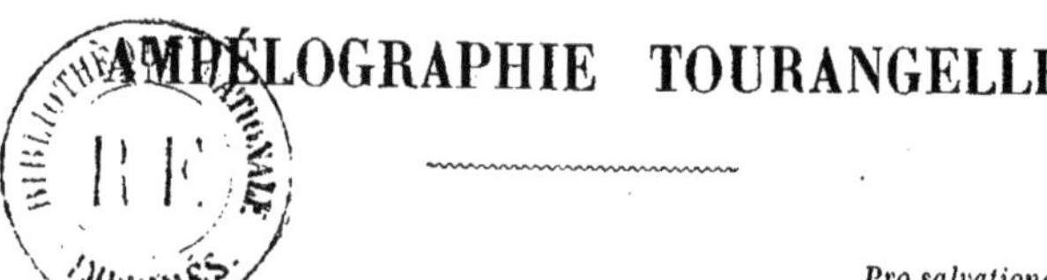

Pro salvatione vinearum
GRÉGOIRE DE TOURS.

CHAPITRE I

LES PORTE-GREFFES

Il ne saurait entrer dans notre plan de nous occuper de tous les porte-greffes américains qui ont été répandus, au moment de la reconstitution du vignoble français, dans toutes les régions et en Touraine en particulier; ils ont donné naissance aux études les plus importantes, ils ne peuvent nous intéresser ici que sous le rapport de leur adaptation dans nos sols spéciaux. Nous leur consacrerons donc seulement quelques notes particulières à la fin de ce chapitre.

Mais, contrairement à la plupart des provinces qui se sont bornées à adapter, à leurs terrains divers, les plants américains préconisés par le Midi et destinés à recevoir le mieux les greffons locaux, la Touraine peut revendiquer la production d'un porte-greffe né dans son sol, qui a pris un développement considérable et justifié : *Le Riparia Martineau ou Gloire de Touraine.*

Plusieurs savants ont été à peu près d'accord pour identifier ce cépage au Riparia Gloire de Montpellier; MM. P. Viala et Ravaz eux-mêmes, sont de cet avis (1) et ce serait nier l'évidence que de ne pas reconnaître un lien d'une proche parenté entre ces deux sujets issus d'une même origine.

Cependant si, d'une part, on considère que le Riparia Martineau n'a jamais été l'objet d'une étude morphologique approfondie, et que, de l'autre, nos recherches nous ont révélé des écarts sensibles sur plusieurs points d'importance relative, il paraîtra sans doute utile de rechercher l'individualité de notre cépage local et de mettre au net une question encore imprécise. Son rôle, d'ailleurs, a été considérable dans le pays dont il a franchi largement les frontières; il ne saurait donc être question d'étudier nos cépages tourangeaux sans lui consacrer la notice à laquelle il a droit.

---

(1) P. VIALA et RAVAZ, *Les Vignes américaines*, p. 138.

Le Riparia Gloire de Touraine. — En 1883, M. Martineau, viticulteur avisé de Sainte-Maure de Touraine, faisait un semis de graines de Riparia qui lui venaient de la maison Vilmorin, et, parmi les nombreux sujets issus de cette tentative, remarquait surtout l'un d'eux dont la vigueur et la largeur de feuilles exceptionnelles attirèrent son attention, au fur et à mesure de leur développement.

Ce plant, si heureusement reconnu, devait, grâce à une multiplication rapide et habile, être baptisé *Riparia Martineau, Gloire de Touraine*, dans la visite du 1ᵉʳ septembre 1889, par M. Dugué, professeur départemental d'Agriculture à Tours et par M. Sahut, président de la Société d'horticulture de l'Hérault. Cette culture donna à son auteur les éléments de la création d'un important établissement de viticulture. Quels sont donc les caractères de ce porte-greffe qui a rendu tant de services en Touraine? Nous allons les détailler un à un.

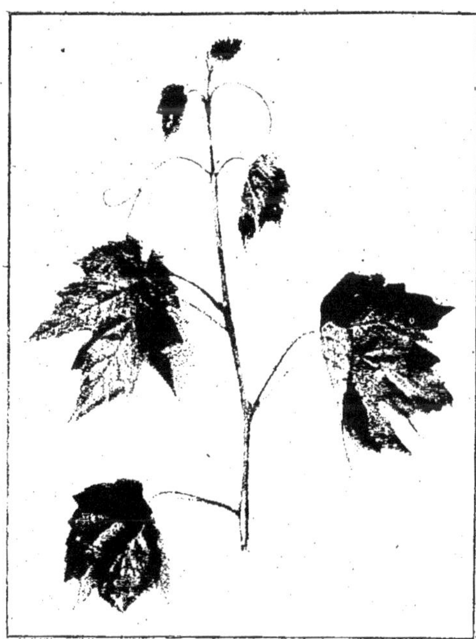

Fig. 1. — Rameau de Riparia Gloire de Touraine.

LA SOUCHE. — La vigueur exceptionnelle de la souche est caractéristique; elle suit normalement le développement du greffon qui ne présente pas la bague volumineuse que bien des variétés montrent au-dessus du porte-greffe étranglé et grêle.

Les racines. — La structure des racines prouve la facilité avec laquelle elles s'établissent dans le sol. Les racines primaires ont une charpente forte, bien ramifiée, courant au loin et profondément, supportent le réseau secondaire et les radicelles pour former un abondant chevelu. Le port est étalé, comme celui de tous les Riparia, les sarments abondants, le tronc atteint une grosseur moyenne, souvent dépassée en raison de l'extrême vigueur du cépage. Le départ de la végétation a lieu vers la fin de mars en année normale.

Morphologie du rameau et anatomie de la tige. — *Les sarments.* — La force avec laquelle les sarments se développent a été le signe qui a décidé de la fortune du Riparia Martineau ; elle se manifeste dans tous les terrains, même dans ceux qui contiennent une forte proportion de calcaire et nous avons pu constater dès les premières années, comme encore aujourd'hui, des sarments qui atteignent jusqu'à 8 ou 10 mètres de longueur, ainsi que nous en donnerons le détail à la fin de ce chapitre, dans le paragraphe des *Caractères distinctifs.*

a) *Le mérithalle.* — La longueur du mérithalle est remarquable ; le rameau est peu coudé et sinueux, légèrement renflé aux nœuds, le bois robuste, rigide, annonçant une puisance de végétation peu commune.

b) *Les bourgeons.* — La pousse des sarments est très effilée, gracile et infléchie sous la poussée de la sève nourricière qui lui donne une croissance rapide. L'extrême pointe est d'une teinte plus grisâtre, duvetée, et s'accompagne de vrilles développées.

c) *Écorce.* — L'écorce, lisse et quelque peu luisante, est formée d'un tissu composé d'un *parenchyme cortical* spongieux, mou, entouré d'une écorce fibreuse très résistante. Sa couleur est d'un joli vert clair pendant la végétation ; il est lavé de teintes carminées et dégradées partant des nœuds ; sur les pousses le carmin s'accentue jusqu'à l'extrême pointe. Le cylindre central est régulier et ample, laissant un vaste passage à une sève abondante. Pendant la saison d'été l'écorce modifie sa couleur selon les progrès de l'aoûtement du bois ; elle devient d'une teinte noisette [d'abord, puis violacée vers les nœuds et, enfin, d'un beau ton bois clair et chaud.

Phyllotaxie. — La disposition alternée et opposée des feuilles est régulière et présente, sur les pousses seulement, la naissance symétrique d'une vrille correspondant à une feuille.

a) *Pétiole.* — Les feuilles sont attachées à la tige par un pétiole long, robuste, portant sur sa face supérieure une rainure à double bourrelet vigoureusement carminé et correspondant à l'aisselle et aux nervures

Fig. 2. — Face extérieure
d'une feuille de Riparia Gloire de Touraine.

du limbe. Le pétiole est hérissé de quelques poils droits et forme un angle obtus avec le plan de la feuille.

b) *Limbe.* — Les feuilles sont larges et particulièrement grandes dans la partie inférieure des rameaux. Elles sont trilobées très distinctement, et les extrémités des lobes sont terminées par une dent plus longue et recourbée en arrière. La forme du limbe est légèrement disposée en gouttière, seulement dans le voisinage de l'attache pétiolaire, il est très peu gaufré, présente un aspect lisse et plutôt luisant, avec une belle couleur vert foncé sur la face supérieure, et d'un vert clair plus jaunâtre sur la face interne. Le limbe est plutôt mince et pour ainsi dire glâbre sur les deux faces, on ne découvre quelque poils érigés qu'à l'aide d'une forte loupe.

Sinus. — Dans le Riparia Gloire de Touraine la forme du sinus pétiolaire a une importance considérable et présente l'un des signes distinctifs du sujet. Sa forme est exactement celle d'un U majuscule absolument régulier et profond, provoqué à la base par le départ de deux nervures parallèles, qui se ramifient bientôt vers le haut, pour former le coude que le limbe continue seulement en dessinant les parties verticales. La dentelure est de deux sortes et alternante entre des dents petites et grandes, aiguës, et souvent recourbées en arrière. Les sinus latéraux sont égaux et peu profonds, rapprochés de l'extrémité des lobes latéraux, laissant à ceux-ci un aspect lancéolé.

Fig. 3. — Face interne
d'une feuille de Riparia Gloire de Touraine.

c) *Nervures.* — Par contre les nervures, complètement carminées sur la face supérieure, et plus claires que le limbe sur la face inférieure, sont complètement couvertes de poils érigés dans les deux cas et même sur les sous-nervures.

d) *Vrilles.* — Les vrilles sont particulièrement gracieuses de forme, puissantes et longues, bifurquées, s'enroulant étroitement. Elles sont comme lavées de carmin peu après leur naissance et cette teinte s'accentue à l'aoûtement.

e) *Fleur.* — Comme tous les V. Riparia les mannes sont peu abondantes, grêles et produisent une fleur effilée, peu ramifiée et longue, dont le calice, l'androcée et le gynécée n'offrent aucune modification chez le sujet qui nous occupe. Nous ne nous y arrêterons pas, de même que pour la grappe qui en résulte et la graine qu'elle produit, qui montrent une identité parfaite avec le Riparia Gloire de Montpellier.

QUALITÉS D'ADAPTATION DES GREFFONS. — En raison de la belle vigueur du Riparia Gloire de Touraine, les greffons en général et, en particulier, ceux des cépages cultivés en Touraine, se développent merveilleusement sur cet excellent porte-greffe. En pratiquant la greffe de Cadillac, employée par M. Martineau à ses débuts, sur son propre vignoble, dès la deuxième et la troisième années une belle récolte est fournie par ce cépage précieux. Nous ne pouvons mieux faire, pour conclure, que de rappeler ici l'appréciation de M. Dugué, professeur départemental d'Agriculture d'Indre-et-Loire, dans un rapport qu'il fit en 1894, au nom de la commission du concours départemental qui attribua, cette année-là, à M. Martineau, le 1er prix de grande culture pour son vignoble reconstitué (1).

« Au point de vue financier, rien ne pouvait mieux le servir que de s'en tenir, comme porte-greffe, à sa Gloire de Touraine, véritable trouvaille dont nos viticulteurs n'ont pas jusqu'ici apprécié tous les mérites, et qui partout, chez M. Martineau comme ailleurs, en Touraine, se montre réellement supérieure à toutes les autres variétés américaines dans les terrains dits : à Riparia. »

CARACTÈRES DISTINCTIFS. — Il ne semble pas superflu, dans cette monographie du V. Riparia Martineau, qui est établie aujourd'hui pour la première fois, d'essayer de jeter un peu de lumière sur les signes qui, réellement, séparent ce porte greffe du Riparia Gloire de Montpellier, tout en lui reconnaissant les liens d'une intime parenté. Ces remarques porteront sur quatre points principaux : le sinus pétiolaire, la grandeur des feuilles, la force du bois, la végétation luxuriante dans les terrains calcaires.

a) *Le sinus pétiolaire.* — Ainsi que nous l'avons dit plus haut, le sinus pétiolaire a la forme très marquée d'un U régulier; les nervures qui s'attachent à la naissance du pétiole forment directement et à angle droit, la partie inférieure de l'U, et le limbe ne s'attache qu'à l'endroit où les jambages se redressent verticalement (2).

Dans le sinus du R. Gloire de Montpellier on remarque un évasement presque complet qui rapproche d'un arc de cercle dont le pétiole serait le rayon et le limbe se poursuit jusqu'au pétiole à quelque distance des premières nervures (3).

b) *La grandeur des feuilles.* — Si les grandes proportions des feuilles sont le signe distinctif de tous les bons V. Riparia, et, en particulier de la Gloire de Montpellier, celui de Touraine les dépasse par la grandeur moyenne du limbe. Les exemples sont fréquents autour de nous, mais pour nous appuyer sur des

---

(1) *Annales de la Société d'agriculture, sciences, arts et belles-lettres d'Indre-et-Loire*, n° 2, avril-mai 1894, p. 69.
(2) Voir fig. 2 et 3.
(3) *Les Vignes américaines*, par P. VIALA et L. RAVAZ, p. 139, fig. 53.

dires autorisés nous citerons l'extrait suivant d'un article publié en 1889 par
M. Dugué :

« Ce sont toujours des sarments qui dépassent souvent 10 mètres de longueur,
portant des feuilles qui ne mesurent pas moins de 0 m. 25 à 0 m. 30 dans leurs
grandes dimensions » (1).

Enfin une autre appréciation nous est également précieuse : c'est celle de
M. Félix Sahut, président de la Société d'Horticulture de l'Hérault, qui, après
avoir visité les pépinières de M. Martineau, le 1ᵉʳ septembre 1889, et après avoir
montré des feuilles de Gloire de Touraine à ses collègues du Midi, écrivait qu'ils
avaient été émerveillés et les avaient trouvées « splendides » (2).

c) *Grosseur du bois.* — Les mêmes remarques ont été faites, de tous temps, et
peuvent se continuer actuellement sur les vignobles qui ont été reconstitués avec
notre porte-greffe local.

Nos observations peuvent remonter à plus de 20 ans, mais il n'est pas sans
intérêt de relire ce qu'écrivait, en 1889, M. Duclaud, président de la Société
d'agriculture, sciences, arts et belles-lettres d'Indre-et-Loire, à l'occasion d'un
rapport (3) :

« La vigueur du Riparia Gloire de Touraine, la longueur de ses sarments, qui
atteignent 7 et 8 mètres et quelquefois 10 mètres, gardant une grosseur *exceptionnelle*, la facilité de reprise au bouturage, non moins que la perfection de la
soudure entre le greffon et le sujet, suffiraient certainement à le faire classer au
premier rang. » .

d) *La résistance dans les terrains calcaires.* — De tous les signes distinctifs, celui
de l'exceptionnelle résistance dans les terrains calcaires n'est pas le moindre.
Les preuves sont éclatantes et semées au long d'une période qui s'étend de 1883
à nos jours.

Prudents au début, les premiers observateurs, nos collègues de la Société
d'Agriculture d'Indre-et-Loire, se sont bornés à des constatations réservées qui
prirent date en 1884. Six ans plus tard, en 1889, après cette période d'observa-
tion, M. Dugué, que la crainte de quelque défection avait toujours retenu, et qui
restait en expectative, écrivait ce qui suit (4) :

« Quelque chose est bien venu, mais c'est l'assurance que nous sommes en présence d'un cépage dont les mérites s'affermissent chaque jour, avec des avantages, comme porte-greffe, tels que je n'en n'ai rencontré nulle part. »

Et plus loin, on lit encore les lignes suivantes qui tranchent nettement la
question de la résistance en terrains calcaires :

« Le Riparia Martineau pourrait encore être appelé : le Riparia des terres calcaires puisqu'il y vient aussi bien que dans les meilleurs sols. Au surplus ce sera

<hr>

(1) Le Riparia Martineau, Gloire de Touraine, par A. Dugué. *Annales de la Société
d'agriculture, sciences, arts et belles-lettres d'Indre-et-Loire*, nᵒˢ 9 et 10, 1889, p. 123.
(2) Le Riparia Gloire de Touraine, par G. Duclaud, *Annales de la Société d'agriculture,
sciences, arts et belles-lettres d'Indre-et-Loire*, nᵒ 11, novembre 1889, p. 132.
(3) Le Riparia Gloire de Touraine, par G. Duclaud, *Annales de la Société d'agriculture,
sciences, arts et belles-lettres d'Indre-et-Loire*, nᵒ 11, novembre 1889, p. 132.
(4) Le Riparia Martineau, Gloire de Touraine, par A. Dugué, *Annales de la Société d'Agriculture d'Indre-et-Loire*, nᵒˢ 9 et 10, 1889, p. 122.

peut-être là son caractère distinctif, car tous ceux qui s'occupent de vignes américaines savent que la pierre d'achoppement de ces cépages est précisément la résistance, etc... Si l'avenir confirme cette première expérience, vieille de cinq années, quelle somme de reconnaissance l'arrondissement de Chinon, les Charentes, et, en général tous les pays à sol calcaire, ne devront-ils pas au petit et modeste vigneron de Sainte-Maure. » (1)

Enfin, l'étude dont nous venons de citer des extraits se termine par les résultats d'une analyse de terrains qu'il importe de reproduire (2).

« Voici les résultats des analyses faites par le laboratoire de l'Ecole d'Agriculture de Montpellier (en 1889) sur deux échantillons de terres calcaires où la végétation du Riparia Martineau ne laisse rien à désirer :

Terre blanc-verdâtre (Terrain Martineau). — Calcaire : 78,3 % ; Argile : 12,5 % ; Sable : 9,2 %.

Terre blanc-jaunâtre (Terrain Boissonneau). — Calcaire : 63,3 % ; Argile : 32,2 % ; Sable, 4,5 %.

Après cette première période de succès constatés, voyons ce que deviennent, avec le temps, les cultures développées de M. Martineau.

En 1893, son vignoble obtient l'objet d'art du concours départemental de Viticulture et nous relevons encore, dans le rapport du Jury, le passage suivant qui seul nous intéresse :

« C'est là que M. Martineau avait accumulé, au début, pêle-mêle, tous les sujets américains qu'il avait pu se procurer au dehors, et nous devons dire que *tous y ont succombé*, sauf la Gloire de Touraine, dont la végétation y est véritablement splendide et *sans aucune trace de chlorose*. Depuis on a rempli les vides avec des Gloire de Touraine, dont la vigueur ne se dément pas ». (3)

Il s'agit donc ici de l'appréciation d'un cépage porte-greffe découvert en 1883, et, par conséquent, observé depuis dix ans. De cette époque jusqu'au moment où nous écrivons, le Riparia Gloire de Touraine s'est développé et s'est répandu au loin et dans tous les sols; il n'est venu à notre connaissance aucune note discordante, aucun avis de fléchissement, au cours d'une expérience qui date aujourd'hui de *trente ans*.

LES PRINCIPAUX PORTE-GREFFES. — Nous ne saurions nous occuper ici, autrement que par une énumération, de la longue série des porte-greffes américains qui ont été adaptés aux divers terrains de Touraine. Tous sont connus et ont été étudiés, il n'y a pas à y revenir. Leur affinité pour nos sols et la faveur dont ils jouissent dans le pays sont les seules qualités qui peuvent nous intéresser dans cette étude locale.

Comme on a pu le voir dans notre Monographie du Vignoble de Touraine (4), le vaste manteau de craie, recouvert de terres argileuses et fortes, qui enveloppe notre département d'une part, et, de l'autre, les terres calcaires et blanches,

---

(1) et (2) Le Riparia Martineau, Gloire de Touraine, par A. Duaué, *Annales de la Société d'Agriculture d'Indre-et-Loire*, nᵒˢ 9 et 10 1889, p. 123-124.
(3) Rapport sur le concours départemental de Viticulture, de 1893, par A. Duaué, *Annales de la Société d'Agriculture d'Indre-et-Loire*, nᵒ 2, avril et mai 1894, p. 66.
(4) *Revue de Viticulture*, 2ᵉ semestre 1912.

parfois pulvérulentes, du Cénomanien et du Jurassique, qui forment la plus grande partie de l'arrondissement de Chinon et débordent même au delà, ont prescrit des limites infranchissables aux porte-greffes américains et leur ont assigné leur domaine d'expansion.

Un grand nombre d'entre eux n'ont pu résister et sont tombés, peu à peu, dans l'abandon. Nous terminerons cette revue par la liste de ceux qui sont restés victorieux, et en leur attribuant leur note précise d'adaptation.

Riparia Portalis, Gloire de Montpellier. — Résistance modérée au calcaire ; végétation remarquable dans les terrains forts, craint la sécheresse, affinité complète avec les divers greffons ; très fructifère et belle végétation.

Riparia Martineau, Gloire de Touraine. — Résistant à 78 % de chaux, croît vigoureusement dans les terrains profonds et argileux, affinité parfaite avec tous les greffons ; très fructifère, développement considérable.

Riparia Rupestris 3.309. — Se comporte bien jusqu'à 33 % de calcaire ; offre une affinité parfaite avec le Gros et le Petit Pineau ; est fructifère et résiste à la sécheresse. Végétation moyenne.

Rupestris Monticola. — Bonne résistance au calcaire jusqu'à 30 % ; affinité constatée pour tous les greffons, moyennement fructifère et redoute une extrême sécheresse.

Riparia-Rupestris. — *Mourvèdre Rupestris 1.202*. — *Bourrisquiou Rupestris*. — Ces cépages présentent toutes les qualités énumérées plus haut pour les trois premiers, mais dans une proportion atténuée qui les a fait, dans l'usage général, reléguer au second rang.

CHAPITRE II

LES CÉPAGES ROUGES

Le Cot.

Le Cot, connu sous des noms très divers dans bien des régions françaises, présente, sous cette appellation générique, une série de variétés se rattachant

Fig. 4. — Rameau de Cot du pays à queue rouge.

toutes à deux formes principales (1), qu'il y a lieu d'isoler, et que nous allons

(1) Cte. Odart, Ampélographie universelle, p. 342, 3e édition.

étudier séparément, sous le nom de *Cot du pays, à queue rouge*, et de *Cot de Bordeaux* ou *Malbeck à queue verte*.

Toutes les variétés qui se groupent autour de ces deux espèces ne présentent, en particulier, aucun intérêt, tant leurs caractères sont confondus. La seule classification qui puisse être faite est celle qui relève de la couleur du pédoncule ; tous les autres signes que nous indiquons ci-après s'y rattachent. Ainsi donc, contrairement à l'avis de M. Foëx (1), nous pensons qu'il y a lieu de séparer ces deux variétés parce qu'elles offrent, à un examen attentif, des signes suffisamment tranchés.

Cot du pays à queue rouge. — Ce cépage, l'un des plus estimés en Touraine, porte des noms divers que nous citerons aussi complètement que possible.

Fig. 5. — Feuille de Cot du pays, face externe.

Synonymie. — (2 *Cot* et *Cot à queue rouge* (Indre-et-Loire) ; *Auxerrois, Gros Auxerrois, Plant de Béraou* (Lot) ; *Pied rouge, Pied de perdrix, Pied noir, Côte rouge* (Tar, Tarn-et-Garonne, Garonne, Dordogne, Gironde) ; *Quercy* (Charente, Gironde) ; *Bourguignon noir* (Meurthe-et-Moselle, Saône-et-Loire, Ain) ; *Plant du roi* (Yonne).

Racines. — La souche est vigoureuse, très ramifiée par une forte charpente de racines primaires, allant au loin et horizontalement dans le sol, à une moyenne profondeur. Racines secondaires ramifiées, modérément abondantes. La reconstitution a maintenu ce cépage dans les régions qui ont fait sa réputation, mais sur des surfaces moindres.

Morphologie du rameau. — La tige, au sortir de terre, prend une forme

(1) Foëx, Cours complet de Viticulture, p. 202.
(2) Les noms entre parenthèses indiquent les régions où le cépage est connu sous cette forme.

tordue et ramifiée, parfois, en deux ou trois branches, généralement deux au plus, à cause de la taille locale qui consiste à ne laisser qu'une verge, ou *viet*, deux au plus, destinées à être courbées sur l'écha las voisin ou sur le fil de fer.

Les sarments poussent en touffes étalées ; ils sont vigoureux, longs, et présentent les caractères suivants :

a) *Écorce* ligneuse moyennement résistante, vert clair, porte des rainures continues, devient d'une teinte noisette au début de l'aoûtement ; prend un ton bois après la récolte.

b) *Mérithalle* court, peu coudé, aux nœuds flammés de carmin dès la pousse.

c) *Bourgeons* d'apparence assez frêle, infléchis et munis de vigoureuses vrilles alternées ; teinte verte, un peu jaunâtre, jeunes feuilles couvertes, surtout à la face interne, d'un duvet molletonné abondant.

PHYLLOTAXIE. — Les feuilles sont nombreuses et alternées, parallèles aux grappes à la base, aux vrilles au sommet des rameaux.

a) *Pétiole*. Il est érigé et s'attache au sarment par un angle à 45°, vigoureux, renflé à la base, d'un beau vert clair, cylindrique, glabre, flammé de carmin à mesure de son développement, signe caractéristique de la variété-mère en ce pays, en correspondance avec la teinte du pédoncule de la grappe.

b) *Limbe* généralement grand, large, épais, vert foncé, bullé, glabre, mais portant (face externe) des filaments cotonneux, plus abondants sur la face interne qui est d'une couleur plus

Fig. 6. — Feuille de Cot du pays, face interne.

claire ; attaché à angle droit au pétiole. Les feuilles se colorent sur les bords, souvent assez tôt, mais toujours à l'époque de l'aoûtement, de belles teintes qui varient et se dégradent du rouge vif au brun très foncé.

c) *Lobes*. — La forme trilobée est assez peu marquée et la feuille est bordée de grandes dents et de petites alternées, traçant, à chaque extrémité des lobes, des pointes courtes, mais aiguës. L'extrémité du lobe central est légèrement recourbée vers la face interne.

d) *Sinus* pétiolaire modérément ouvert, formant un V majuscule d'écriture anglaise, c'est-à-dire, arrondi du bas et rétréci vers le milieu de sa hauteur, puis évasé du haut. Il est formé, à l'attache pétiolaire, par le départ des deux grandes nervures latérales, et, dans les feuilles normales, le limbe ne s'y attache qu'à 5 millimètres environ du pétiole. Les sinus latéraux sont très peu profonds, mais il arrive que sur un même cep, on en rencontre de plus vigoureusement creusés.

e) *Nervures* très symétriques, flammées de carmin sur la face externe, claires et transparentes sur la face interne.

Vʀɪʟʟᴇs. — Les vrilles sont généralement vigoureuses, bien développées et ramifiées en deux lacets supérieurs ; elles sont faites d'un tissu extrêmement résistant, qui durcit avec le temps et forme des attaches d'une solidité particulière, en s'enroulant deux ou trois fois autour des objets auxquels elles s'accrochent ; elles sont placées symétriquement avec les jeunes feuilles des bourgeons.

Fʟᴇᴜʀ. — Les *mannes* placées sur la moitié inférieure des sarments sont de moyenne grosseur, peu ailées et peu développées. Le début de la floraison a lieu, en temps normal, vers le 15 juin ; le capuchon se détache sur les bords, mais reste fixé par le centre, et subsiste même longtemps, par adhérence, sur le grain, alors que celui-ci est formé. Les étamines s'écartent tout autour et les rôles combinés de l'androcée et du gynécée agissent normalement. Dans les années humides, à l'époque de la floraison, la fécondation se fait mal et provoque la coulure souvent intense chez ce cépage.

Fʀᴜɪᴛ. — La grappe est, en majorité, grosse, conique, garnie de grains sphériques, gros, d'un bleu violacé, recouverte d'une *fleur* aux reflets gris clair ; la peau est tendre, le jus très doux, savoureux, la pulpe peu consistante. La teinte du pédoncule est la grande caractéristique du type : la *queue* du raisin prend de bonne heure une couleur rouge, qui s'accentue avec le temps et gagne les pédicelles. Elle est en outre très ténue et se tranche difficilement, à l'époque de la vendange, autrement qu'avec l'antique serpette ou le sécateur.

Cette variété, en année ordinaire, est d'une abondance moyenne et la maturité se fait du 15 au 30 septembre.

Gʀᴀɪɴs. — Le grain de raisin renferme communément quatre graines de forme ovoïde, plates du côté de la vulve, et terminées par une pointe prononcée.

Vɪɴ. — Le moût produit est abondant, il prend une jolie couleur rouge carminée à la cuve, en fermentation avec la peau, et donne un vin qui compte parmi les plus estimés de Touraine, par la finesse, le parfum, le velouté et la conservation. Dans les années où le dosage des éléments est dans un bon équilibre produit par une égale maturité, son degré alcoolique varie de 10 à 12°. Récolte moyenne 30 à 35 hectolitres à l'hectare.

Cot de Bordeaux ou Malbec à queue verte. — La variété à *queue* verte est, de beaucoup, la plus répandue en Touraine, mais elle n'est pas toute fournie par l'espèce de Bordeaux ou Malbec. Comme nous l'avons déjà dit, la similitude est si grande que nous ne chercherons pas à faire de distinction, et que nous examinerons seulement le type du genre : *Le Malbec à queue verte.*

SYNONYMIE. — *Cot de Bordeaux, Cot à queue verte* (Touraine) ; *Malbec, Malbec doux, Noir de Pressac, Gourdoux, Estrancey* ou *Estrangey, Mouzat, Gros noir, Balouzat, Mourame, Noir doux, Teinturier, Prade, Terranis, Boucharès Etaulier, Guillan, Hourcat, Moussin, Pied doux, Grande Prade, Romieux,* (Gironde et Sud-Ouest) ; *Cahors* (Loir-et-Cher, Gironde); *Cot, Coly, Jacobin* (Vienne); *Quille de Coq* (Auxerre); *Magrot, Pruniéral* (Corrèze) ; *Estrancey* (Ariège) ; *Vesparo, Mauzain, Rougeau, Quillot* (Gers); *Claverie* ou *Clavier* (Landes); *Bouissalet* (Dordogne); *Perrigord* (Orléanais) ; *Gros pied mérillé* (Lot-et-Garonne) ; *Grifforin* (Charente-Inférieure).

RACINES. — Le réseau des racines primaires et secondaires n'offre rien de particulier, il est puissant, donne les signes d'une vigueur particulière par ses racines-mères qui s'établissement solidement dans le sol. Depuis la reconstition les remarques les plus favorables ont été faites sur son adaption aux principaux porte-greffes locaux, dans les régions mêmes où il était cultivé anciennement.

Morphologie du rameau. — La souche, hors de terre, prend, avec le temps, un aspect de vigueur remarquable, beau développement, sans trop de torsion des branches

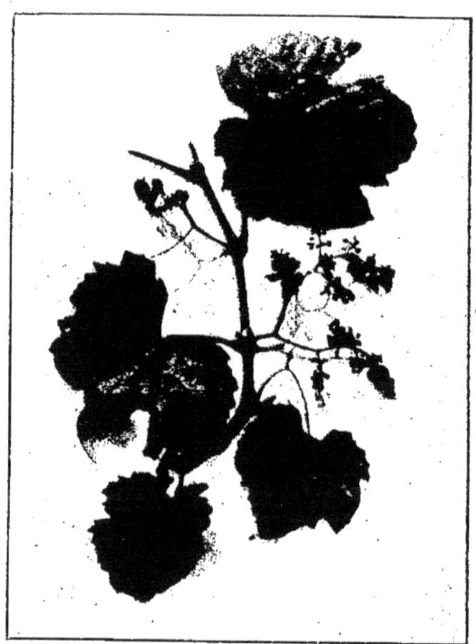

Fig. 7.
Rameau de Cot de Bordeaux, Malbec à queue verte.

à fruit. Les sarments sont étalés, et, sans les rognages nécessaires, atteindraient de 2 m. 50 à 3 mètres. Leur taille, qui consiste à la réserve d'une ou deux verges à fruit, a donné lieu anciennement à la culture dite : *en chaintre,* dans la région des côtes du Cher, et, en particulier, à Chenonceaux, où elle s'est présentée cependant comme une exception. Cette culture consiste à laisser courir sur le sol de longues charpentes, ou bras, sur lesquels les *viets* de la dernière année étaient recourbés ; elle a été abandonnée à cause de la fatigue des ceps, provoquée par un allongement excessif, et, aussi, par suite des inconvénients qu'elle présentait en favorisant à *coulure* et par une maturité défectueuse. Aujourd'hui cette culture serait impossible en présence des maladies cryptogamiques.

Un autre mode de culture dit : *système Mesrouze,* du nom de son auteur, vigneron de Busançais (Indre), a été l'objet de quelques tentatives qui, à tort selon nous, n'ont pas été généralisées. La taille consiste à diriger sur des fils de fer, deux bras de deux mètres chacun, sur lesquels on place des verges en arçons, tous les 50 ou 60 centimètres. La production est sensiblement augmentée et la qualité du vin reste la même, si la *charge* n'est pas abusive. Enfin ce cépage, qui débourre tard, est quelquefois victime, néanmoins, des gelées printanières ; mais sa végétation est telle que, même après des désastres dans la premièrepériode du débourrage, les sous-bourgeons ou *cadets* rapportent une notable proportion de mannes qu'on peut évaluer à une demi récolte (1).

Fig. 8. — Pousse de Cot de Bordeaux.

(1) G. Foex. Cours complet de viticulture, p. 202. — Cte. Odart ; Ampélographie universelle, 3ᵉ Éd. p. 217.

a) *Écorce.* — Le rameau, pendant la végétation, présente un aspect vigoureux ; son écorce, d'un vert tendre mais intense, n'est presque jamais flammée de carmin, sauf par exception, à l'époque de l'aoûtement. Sa constitution est la même que celle du Cot du pays, avec rainures apparentes et le sarment prend, à l'automne un ton chaud de bois également caractérisé.

b) *Mérithalle.* — Les mérithalles sont très moyennement développés, peu coudés, à leurs extrémités les attaches sont sensiblement renflées autour des nœuds. Belle couleur vert tendre.

c) *Bourgeons.* — La forme des pousses dénote une vigueur marquée ; les feuilles naissantes sont très gaufrées, d'une teinte plutôt blanchâtre, en raison d'un fort molletonnage cotonneux.

PHYLLOTAXIE. — Les feuilles sont très grandes, nombreuses et alternées, et sont en concordance, comme disposition, avec la variété du pays.

a) *Pétiole.* — Le pétiole est érigé, dans les mêmes conditions que l'espèce rouge, à 45° par rapport à l'axe du rameau, et le plan du limbe à peu près à angle droit avec son support. Quoi qu'on en ait dit cette partie de la feuille suit la coloration du pédoncule de la grappe et reste en corrélation directe avec lui. De même que bien des sujets présentent des écarts sensibles du type original, de même on pourra citer çà et là, des pétioles légèrement nuancés de carmin : mais il demeure fixé que, sauf rares exceptions, le pétiole reste franchement vert ; il est constitué d'ailleurs comme celui de la variété rouge.

Fig. 9. — Feuille de Cot de Bordeaux, face externe.

b) *Limbe.* — Toujours très grand, large, très épais, vert très foncé, gaufré vigoureusement, glabre, mais filaments cotonneux assez abondants et longs sur la face externe, très prononcés sur le revers. De belles couleurs rouge vif et dégradées jusqu'au brun profond, tachent ces feuilles sur leurs contours, à l'approche de la véraison. Elles sont cependant moins accentuées que chez la variété rouge.

c) *Lobes*. — Le limbe est trilobé, mais sa forme est quelque peu arrondie, tout en restant dans la note caractéristique, et l'extrémité du lobe central est peu lancéolée. Les dents sont peu marquées, peu aiguës, et donnent à la feuille un aspect arrondi assez distinctif.

d) *Sinus*. — Le sinus pétiolaire a la forme très rapprochée du V médiocrement ouvert, assez pointu à la base, et il est à remarquer que le limbe s'attache directement à la naissance du pétiole. Les sinus latéraux sont moyennement accentués dans une forme non dentelée qui reste identique à celle du sinus pétiolaire.

e) *Nervures*. — Celles-ci n'offrent aucune particularité ; elles se détachent en clair sur la couleur vert vif du limbe, sur les deux faces, et portent quelques rares filaments aranéeux semblables à ceux du limbe.

VRILLES. — Les attaches des sarments sont faites par des vrilles d'une puissance exceptionnelle, en rapport avec celle du développement des rameaux. Elles sont longues, fortes, peu contournées avant de se fixer.

FLEUR. — Les mannes placées en abondance sur la longueur de la première moitié des sarments, attestent un développement en rapport avec les autres organes du sujet

Fig. 10. — Feuille de Côt de Bordeaux, face interne.

déjà étudié. Elles sont grandes, ailées et robustes ; leur constitution anatomique n'offre aucune particularité, mais il est constaté qu'elles ont une sérieuse résistance à la coulure, et l'opération du *virolage* ou incision annulaire, pratiquée couramment, donne des résultats très appréciables. L'époque de la floraison est la même que pour la variété rouge, c'est-à-dire vers le 20 juin, en temps normal.

FRUIT. — La teinte verte du pédoncule est le signe distinctif de l'espèce dans la pratique et dans la légende. La grappe, à l'époque de la cueillette, est toujours très grosse, très développée, et atteint fréquemment un volume qui dépasse de beaucòup celui des fruits du Cot du pays. Sa forme est conique, mais avec des ailes très développées, grains sphériques d'un bleu sombre et chaud, avec une fleur grisâtre. La peau est très tendre, le jus peu rosé, sucré, savoureux, abondant, et prenant à la peau, pendant la fermentation, une brillante couleur rubis. La forte production du Cot à queue verte est reconnue, et l'a fait préférer à son ancêtre; l'époque moyenne de la maturité est la même, c'est-à-dire du 15 septembre au 5 octobre.

GRAINE. — La graine est plutôt triangulaire que ovoïde, tout en présentant des angles effacés et une partie plate du côté de l'ovule; elle porte une extrémité arrondie.

VIN. — L'abondance constatée du Malbec de la Gironde lui a fait adresser le reproche de produire un vin ayant moins de corps, moins de degré alcoolique, moins fin que celui du cépage du pays. Il convient de limiter cette critique qui a coïncidé souvent avec des produits provenant de cultures faites dans des terrains de second ordre. Depuis 20 ans nous en avons poursuivi l'expérience, dans les bonnes comme dans les mauvaises années, et, à l'occasion des récoltes renommées, nous avons constaté des qualités identiques à celles du Cot du pays, avec des moyens de culture semblables.

Ne doit-on pas remarquer, d'ailleurs, que le Malbec à queue verte est très répandu dans le Sud-Ouest de la France, où, de l'aveu des ampélographes et des œnologues, il entre dans la composition des vins du Bordelais, en leur apportant ses qualités? Celles-ci, dans notre région tourangelle, sont représentées par un velouté remarquable, du corps, une couleur rubis solide et vive, et un degré d'alcool qui varie de 8 à 12°, selon les conditions de la maturité. Récolte moyenne : 50 hectolitres à l'hectare.

CARACTÈRES DISTINCTIFS DU COT DU PAYS ET DU MALBEC A QUEUE VERTE. — D'après ce qui précède et d'après des recherches minutieuses, les caractères qui distinguent ces deux variétés principales et permettent de les classer bien à part, sont les suivants :

1° Coloration carminée des sarments, du pétiole des feuilles et du pédoncule des grappes, chez le Cot du pays, alors que ceux-ci restent entièrement verts chez le Malbec ;

2° Forme du sinus pétiolaire en V, plus arrondi à la base et moins ouvert au sommet, chez l'espèce rouge que chez l'espèce verte; jonction du limbe et du pétiole chez cette dernière.

3° Filaments cotonneux moins longs et prononcés sur les deux faces du limbe chez la première que chez la deuxième ;

4° Vrilles plus puissantes chez le Malbec ;

5° Mannes plus ailées, plus grosses chez le Malbec ;

6° Débourrage plus tardif et moins de coulure chez le Malbec ;

7° Végétation plus intense chez celui-ci ;

8° Rendement supérieur en faveur de la variété verte ;

9° A culture égale, qualité égale du produit pour ces deux variétés de cépages qui constituent, dans leur ensemble, le type local et particulier de la région tourangelle.

Le Noble.

Le cépage qui est connu, en Touraine, sous le nom de *Noble* ou *Plant Noble*, est une importation bourguignonne qui remonte à des temps fort reculés qu'on ne peut préciser ; il n'est autre que le *Pinot noir* (1), répandu sous un grand nombre de noms divers qui s'y rapportent tous. Cependant, comme la plupart des bonnes variétés, il s'est ramifié en une série d'espèces similaires, mais offrant aussi des écarts suffisants pour les détacher du type original. C'est donc celui-ci qui, seul, va nous occuper ; à proprement parler, il n'y a que cette espèce pure qui soit répandue en Touraine.

Si le Noble est fort peu cultivé en ce pays et s'est à peu près localisé, en grande étendue, sur la commune de Joué-lès-Tours, il n'en est pas moins un cépage donnant un vin très fin et de très grande qualité. Sa production réduite, sa facilité à la coulure et à la gelée, sont, apparemment, les causes de son peu d'expansion dans la région, où, cependant, il a trouvé un terrain particulièrement favorable, argilo-calcaire et sec, qu'il affectionne. Il est reconnu que ce plant entre pour une grande proportion, dans son pays d'origine, dans les vins les plus justement renommés, ou les produit même seul, et que ses qualités s'affaiblissent dans les autres vignobles français où il a été transplanté. Cette remarque tend à démontrer, une fois de plus, que le sol joue un très grand rôle dans la qualité du produit, et que le terroir de Joué-lès-Tours, après la terre d'origine, est le meilleur milieu dans lequel le Noble donne ses plus beaux vins (2).

Il faut ajouter encore que, le jus de ce cépage étant blanc, à peu près complètement, le moût qu'il produit est vivement recherché par les fabricants de vins mousseux qui le « pressent en blanc » pour le faire entrer dans la composition de leurs vins de belle qualité. C'est une raison de plus pour justifier la faveur dont il jouit auprès du commerce.

Synonymie. — *Pineau, Pinot noir, Noirien* (Bourgogne) ; *Franc Pinot, Petit Vérot* (Yonne) ; *Plant Noble, Noble, Auvernat Noir* (Touraine et Centre) ; *Rouget, Salvagnin* ou *Savagnin noir* (Haute-Saône et Jura) ; *Pineau de Ribeauvilliers, Salvagnin noir* ou *Servagnin noir, Schwartz, Klevner, Auvernat noir* (Alsace) ; *Vert doré, Plant doré, Pinot de Fleury, Plant médaillé* (Champagne) ; *Morillon noir* (banlieue de Paris) ; *Langedet* (Loire) ; *Petit Bourguignon* (Beaujolais) ; *Rouget, Cortaillod* (Suisse) ; *Pinot, Noirien* (Côte-d'Or) ; *Auvernat noir* (Loiret, Loir-et-Cher) ; *Noir de Franconie, Noir de Versitch* (Bavière) ; *Czerna, Okrugla, Ranka* (Hongrie).

Racines. — La souche est peu développée et ne présente qu'une ordinaire vigueur, peu tordue et nourrie par un réseau de racines traçantes moyen, charpente primaire assez développée, chevelu peu abondant. Bonne adaptation aux porte-greffes.

Morphologie du rameau. — Le port de ce cépage est étalé, formé de sarments

---

(1) Nous écrivons *Pinot* et non *Pineau* parce que ce nom correspond, dans le pays d'origine, à la prononciation *eau* et non *ieau* qui justifierait l'ortographe *Pineau*, comme le « Pineau de la Loire ».
(2) *Le Vignoble de Touraine*, par A. Chauvigné. p. 4, 22, 30.

grêles, assez allongés, demandant un soin spécial aux accolages en raison de leur tendance à courir sur le sol.

La taille des sarments peut être longue avec modération. Un *vien* suffit à la végétation moyenne du cépage.

a) *Écorce*. — La forme cylindrique du fuseau est très nette et l'écorce ligneuse, mais lisse, présente d'abord une teinte jaune puis bientôt flammée de tons violacés qui s'accentuent à l'aoûtement. Les sarments sont résistants, durs, ligneux, avec moelle cylindrique peu développée. Le bois, à l'hiver, devient d'un brun grisâtre qui rappelle le ton de la noisette.

b) *Mérithalle* généralement long, mais inégal et sans sinuosités apparentes aux nœuds; de même grosseur dans toute la longueur, celle des pousses offrant une différence peu marquée. Il en résulte moins d'élégance dans le port du bourgeon. La nuance violacée s'accentue sur toute la longueur.

c) *Bourgeons* d'apparence robuste et touffue, sans gracilité et droits; teinte verte, jeunes feuilles couvertes d'un épais duvet coton-

Fig. 11. — Rameau de Noble.

neux blanc qui leur donne un aspect grisâtre presque blanc et lourd. Ces filaments cotonneux s'étendent sur toute la longueur des sarments et ne disparaissent qu'à la longue, amassés en pelotes au long des tiges. Le débourrement précoce expose la plante aux gelées printanières.

PHYLLOTAXIE. — Les feuilles sont nombreuses et modérément développées, pas toujours complètement parallèles, surtout dans les pousses où la symétrie opposée n'est pas rigoureuse à cause de la formation d'un mérithalle court alternant. Cette particularité disparaît à l'allongement du rameau qui forme cependant des mérithales inégaux.

a) *Pétiole*. — Il est érigé à plus de 45°, en moyenne, et forme, avec le sarment, un épaulement accentué et noueux. Couleur vert clair flammée de violet soutenu, molletonné abondamment; caducité précoce des feuilles aux premiers froids d'automne.

b) *Limbe*. — Plutôt épais, d'un vert soutenu qui se devine sous le reflet gris de l'ensemble; s'attache par un angle obtus au pétiole; de forme orbiculaire peu marquée, moyennement épais, légèrement bullé et glabre sur la face externe.

c) *Lobes.* — Le limbe est trilobé, assez caractéristique bien que nombre de feuilles présentassent 5 lobes marqués par 4 sinus profonds, mais ce cas est l'exception. Les dents, petites et grandes sont alternantes, avec pointes plutôt obtuses. L'ensemble des feuilles est un peu papillonné et l'extrémité du lobe central recourbée en arrière.

d) *Sinus.* — Le sinus pétiolaire est en V peu ouvert, souvent fermé en haut, et formé entièrement par le limbe qui s'incurve à la base pour s'attacher au pétiole en laissant les nervures indépendantes. Les sinus latéraux sont très profonds, peu ouverts.

Fig. 12. — Face externe d'une feuille de Noble.

e) *Nervures.* — Elles sont très symétriques, se détachent en clair sur le limbe et sont flammées de carmin violacé à la base, puis abondamment recouvertes de filaments cotonneux sur la face interne.

Vrille. — Les vrilles sont assez développées, parallèles aux feuilles à l'extrémité des sarments, et entièrement molletonnées dans la première période de leur pousse. Elles sont très ligneuses et forment des attaches d'une résistance particulière.

Fleur. — Les fleurs sont placées à la base des sarments concurremment avec l'aisselle des feuilles; la manne est petite, plutôt ronde, pas ailée,

Fig. 13. — Face interne d'une feuille de Noble.

et démontre une abondance médiocre. Floraison précoce, avant le 30 juin,

tendance à la coulure ; 5 étamines érigées, assez éloignées du stigmate quand le
capuchon, facilement caduc, est tombé au début de la floraison.

FRUIT. — Par suite de ce qui précède pour la fleur, il résulte que la grappe
est petite, peu ailée et en nombre assez restreint sur chaque pied. Elle est
légèrement cylindrique, tassée, au pédoncule ligneux, très difficile à rompre,
flammé de carmin.

Le grain qui est cylindrique dans le type *véritable* de Pinot noir de Bourgogne,
semble s'être déformé un peu dans son acclimatation en Touraine ; on en rencontre des spécimens qui sont ovoïdes. Mais après examen, il y a lieu de s'en
rapporter à l'opinion du comte Odart (1) et d'admettre que le type pur du Plant
Noble a les grains ronds, de grosseur au-dessous de la moyenne, contrairement
d'ailleurs à l'opinion de M. Foëx (2). La couleur est d'un noir assez froid et voilé
par la grisaille d'une fleur abondante. La peau est épaisse et peu colorée ainsi
que le jus qui est presque blanc, très sucré, pulpe peu consistante, le tout prend
une belle couleur rouge à la macération seulement.

La maturité, très précoce, se produit environ 15 jours avant celle des cépages
du pays, c'est-à-dire vers le 15 septembre, et présente ainsi des difficultés pour
la fermentation en commun avec le fruit des autres cépages.

GRAINE. — La graine ne présente aucune différence avec toutes les autres variétés des Pinots de Bourgogne, elle est ovoïde, à pointe légèrement arrondie et
infléchie vers le côté de l'ovule qui est plat.

VIN. — Ainsi que nous l'avons déjà fait prévoir, le vin produit par le Noble,
cultivé surtout à Joué-lès-Tours, doit être classé au rang des vins supérieurs de
Touraine. Il est d'une finesse absolue, d'un parfum qui rappelle les origines
bourguignonnes ; alcoolique de 10° à 12° selon la maturité, d'une couleur carminée modérée. Employé en blanc pour la fabrication des mousseux, il sert à
produire les qualités supérieures.

L'évaluation du rendement a donné lieu à de grandes divergences d'opinions
parmi les auteurs anciens ; il y a lieu de tenir compte que le greffage, le mode
de culture et les fumures nouvelles ont amélioré la production du Noble autrefois réduite. Fixée à 15 hectolitres à l'hectare par divers auteurs, elle peut-être
ramenée de nos jours à 30 hectolitres dans de bonnes conditions de culture, de
nourriture, et sans accidents ou de gelée, ou de coulure.

Le Breton.

Le Breton est, parmi les cépages rouges de Touraine, celui qui vient com-
pléter la gamme harmonieuse et variée des perles viticoles de la province. Il n'y
a pas lieu de le placer ni avant ni après ceux que nous venons d'examiner depuis
le début de cette étude, il vaut les uns et les autres, mais il est, comme chacun
d'eux, bien à part, caractérisé et spécialisé, non seulement comme cépage, mais
aussi comme vin produit.

(1) *Ampélographie universelle*, par le comte ODART, p. 159, 3ᵉ édit.
(2) *Cours complet de Viticulture*, par FOËX, p. 190.

Cette fois, c'est à la Gironde que nous en sommes redevables, car il vient de cette province directement, et n'est autre que le *Cabernet franc* qui produit les grands vins du Bordelais. Le nom de Breton, d'après une source accréditée par plusieurs auteurs, et, en particulier par le comte Odart, viendrait du nom même d'un ecclésiastique, l'abbé Breton, qui aurait, sur l'ordre du cardinal de Richelieu, planté quelques milliers de pieds de Cabernet franc, expédiés du Bordelais, sur la terre qui fut le duché-pairie de Richelieu (1). Récemment cette assertion a été répétée par M. Morain d'Angers (2). Nous ne pouvons nous associer à cette opinion parce que, depuis un temps bien plus considérable, le vin de Breton est renommé dans la région de Chinon et de Bourgueil, et, en tout cas, le seul fait que Rabelais parle de ce cépage au moins 80 ans avant la plantation de l'abbé Breton dans le Richelais, suffit à rejeter cette légende hors de la vérité historique. En effet, Gargantua ne dit-il pas à Grandgousier? « J'entends de ce bon vin *Breton* lequel ne croist en Bretaigne mais en ce bon pays de Veiron » (3).

Enfin, il n'est pas douteux que le Breton dont parle Rabelais n'est autre que le *Véron* ou *Véronnais*, dont nous parlons ci-après ; il en donne l'explication dans « l'Oracle de la bouteille » (4).

A vrai dire si nous détruisons cette assertion, nous reconnaissons que l'origine du nom de Breton reste inconnue et force nous est donc de nous contenter de l'usage séculaire et encore dominant.

Sa zone d'expansion est relativement considérable, elle comprend, presque exclusivement l'arrondissement de Chinon, ses foyers principaux sont autour de cette ville, dans le Véron, tout proche, et dans le Pays de Bourgueil (5).

Elle déborde même sur le Maine-et-Loire, où le Breton est cultivé dans le Saumurois et, en particulier, à Champigny, pour produire des vins de tout premier ordre et très réputés.

Deux raisons ont tracé les limites à ce cépage : la nature du sol et la maturité un peu tardive de ce raisin. Les terres chaudes argilo-calcaires du Chinonais, la cuvette graveleuse à sous-sol argileux de la haute plaine de Bourgueil, donnent au raisin un parfum unique, très local et une maturité qu'il n'obtiendrait pas ailleurs.

SYNONYMIE. — *Cabernet franc, Cabernet, Gros Cabernet, Carmenet, Carbenet, Grosse Vidure, Petite Vuidure, Petite Vigne dure, Carbonet, Petit Fer* (Gironde); *Breton, Véron, Véronais* (Indre-et-Loire, Vienne, Maine-et-Loire); *Véron* (Nièvre, Deux-Sèvres); *Arrouya* (Hautes et Basses-Pyrénées).

L'appellation *Véronais* ou *Véron* est aisée à expliquer : elle vient du nom même du pays de Véron (6) situé entre Chinon et le confluent de la Vienne, dans lequel le Cabernet franc « semble » avoir été propagé au début; le Saumurois et Champigny, en Maine-et-Loire, étant limitrophes de cette région, ont adopté ces deux

---

(1) *Ampélographie universelle*, par le comte ODART, p. 118, 3e édit.
(2) Le Vignoble angevin, par M. MORAIN : *Vie agricole et rurale*, 7 juin 1913.
(3) *Gargantua*, liv. I, ch. XIII,
(4) *Pantagruel*, liv. V, ch. XXXIV.
(5) Voir le Vignoble de Touraine, par A. CHAUVIGNÉ, *Revue de Viticulture*, 2e semestre 1912.
(6) *Géographie historique et descriptive du Pays de Véron*, par AUG. CHAUVIGNÉ

noms indifféremment dans l'usage ancien. Actuellement le nom de Breton est communément employé partout.

RACINES. — La souche, d'une vigueur remarquable, est très développée, souvent en plusieurs bras fourchus et tordus, assez élevés sur le sol d'une manière générale, selon la mode ancienne, contre les gelées. Elle est nourrie par un abondant réseau de racines qui s'établit aisément dans les sols profonds du Véron et de Bourgueil ; les racines secondaires sont, dans la même proportion, très développées.

L'établissement de cette culture était autrefois élevé, et les rangs espacés souvent de 2 ou 3 mètres, permettaient une culture annuelle intercalaire. Depuis la reconstitution, le Breton a été soumis à la culture moderne sur fils de fer en rangs serrés.

MORPHOLOGIE DU RAMEAU. — En raison de la vigueur de ce cépage, les *sarments* sont gros, longs, leur port moyennement érigé, était retenu jadis par de longues perches sur lesquelles ils s'enroulaient. Le bois est gros et supporte la taille longue. La verge à fruit, dans le pays est appelée *Vien*.

a) *Écorce*. — La composition de l'écorce est faite d'un tissu ligneux assez résistant, lisse, qui se colore en jaune chaud dès le début, et prend, à l'aoûtement, une teinte de bois rougeâtre.

b) *Mérithalle*. — La longueur du mérithalle est moyenne, avec attaches peu renflées et un peu coudées aux nœuds, fuseau cylindrique, droit, régulier, formant un rameau légèrement sinueux.

c) *Bourgeons*. — La pousse est érigée et présente 4 feuilles naissantes très légèrement duvetées portant, en dessous, une nuance jaunâtre parfois très accentuée.

PHYLLOTAXIE. — L'ordonnance des feuilles au long du rameau est alternante et concurrente à la pointe, avec des vrilles moyennes. Le nombre en est abondant et l'aisselle des pétioles donne naissance à des sous-rameaux garnis de feuilles secondaires.

a) *Pétiole*. — Le pétiole est érigé à 45°. Il est droit et flammé de couleurs chaudes et vinées, cylindrique et peu ligneux.

b) *Limbe*. — Le port du limbe est incliné à 45° de l'axe du pétiole ; la face externe est glabre, le tissu mince, s'épaissit avec l'âge pour les feuilles de base.

Fig. 14. — Rameau de Breton.

Il est vert sans vivacité, tournant plutôt au vert jaunâtre, à surface bullée, et affectant une forme d'ensemble presque ovoïde. La face interne est légèrement molletonnée, plus claire que la face externe.

c) *Lobes.* — La forme quinquelobée est peu accentuée par des sinus peu profonds ; les lobes sont bordés de dents assez vives, petites et grandes, alternées, donnant aux pointes une forme quelque peu lancéolée.

d) *Sinus.* — Le sinus pétiolaire caractéristique, est nettement dessiné en V et formé uniquement par les bords du limbe, sans le concours des nervures. Les sinus latéraux supérieurs sont peu accusés et suffisent cependant à déterminer les 5 lobes.

e) *Nervures.* — Elles sont légèrement garnies de poils érigés, surtout sur la face interne, présentent une régularité parfaite et sont flammées de rouge.

VRILLE. — Les vrilles ne sont pas nombreuses, offrent un moyen développement, sont ligneuses et fort résistantes.

FLEUR. — Dans le pays de Breton, le paysan dit que ce cépage *forme* bien, ou *épie* bien, ce qui signifie que la sortie des mannes est normale, plutôt abondante, qu'il coule peu, ce qui dans le Chinonais, dans le pays de Bourgueil, comme dans le Médoc, d'ailleurs, le rend précieux dans ces terrains bas, voisins des rivières, au milieu d'une atmosphère humide. La fleur est composée selon la normale, le capuchon reste souvent adhérent sur le grain, longtemps après sa formation. La floraison a lieu vers le 20 juin.

FRUIT. — La grappe du Breton est moyenne, quoique abondante par le nombre ; elle n'est presque pas ailée, plus longue que large, garnie de grains petits, cylindriques, inégaux, peu serrés, d'un bleu sombre, à la peau mince, pruinés, contenant un jus relativement abondant qui porte une saveur spéciale agréable au goût.

Fig 15. — Face externe d'une feuille de Breton.

Le pédoncule et les pédicelles sont ligneux, très résistants « d'un violet enviné » ainsi que le dit le comte Odart avec une grande justesse d'expression. La maturité est relativement tardive et se fait, en moyenne, vers la fin de septembre.

GRAINE. — La graine est de grosseur réduite, ovoïde, arrondie à l'extrémité et possédant une enveloppe très dure.

Vin. — La nature du vin produit par le Breton est tout à fait caractérisée par son goût spécial et ses éléments constitutifs de conservation.

Le même cépage, dans le Bordelais, à Chinon et à Bourgueil, donne trois vins également tranchés par les différences profondes de goût, que la masse même des consommateurs ne manque pas de reconnaître aisément.

L'élément dominant est donc le sol qui, ici ou là, donne un vin particulier.

Dans le pays de Bourgueil le vin porte une saveur qu'on rapproche communément du parfum de la framboise et qui compte de nombreux adeptes. Il est liquoreux, coloré et, en raison d'un excès de maturité parfois trop cherché par certains propriétaires, est soumis-à des accidents de conservation qui sont sûrement évités par une cueillette plus rapide et une macération de la grappe dans le moût.

Dans le Chinonais, la saveur est plus atténuée, c'est plutôt un parfum de violette qui s'en dégage, mais il acquiert une souplesse, un fondu et une finesse remarquables.

Ces vins, selon maturité et conditions annuelles, atteignent de 10° à 12° d'alcool, sont des plus recher-

Fig. 16. — Face interne d'une feuille de Breton.

chés et se vendent à des cours toujours sensiblement supérieurs, qui dépassent souvent d'un tiers la moyenne des prix obtenus dans le vignoble du Cher, par exemple; les grands crus obtiennent de hauts prix.

Il n'y a pas lieu de se lasser de répéter que les qualités n'ont pas été atteintes par la reconstitution, et que les Bretons greffés, ainsi que les Cots et les Nobles, n'ont pas vu s'affaiblir leur valeur par le greffage sur les souches américaines.

En raison de ce qui précède pour la disposition des grappes et de l'excellence des produits, le rendement du Breton est au-dessous des autres cépages. Il ne peut être évalué qu'à une moyenne de 30 hectolitres à l'hectare.

Le Grolleau de Cinq-Mars.

Le Grolleau est à la Touraine ce que l'Aramon est au Midi. C'est un cépage abondant, croissant partout, en plaine comme en coteau, produisant le vin dit « de Touraine » et se classant, par suite, au second plan dans l'ordre des qualités.

Il est cultivé en Touraine depuis des temps lointains qu'il est impossible de préciser ; il n'a pas d'antériorités dans les autres régions françaises ou étrangères, et on ne le rencontre nulle part, à l'heure actuelle, cultivé sous des noms divers.

Son nom véritable, sous lequel il est connu dans la région et dans le commerce, est formé du nom usuel et de celui du pays où il est le plus répandu : *Grolleau de Cinq-Mars*.

De même que pour le Pineau, nous écrivons Grolleau et non : *Groslot*, parce que la terminaison *eau* est en correspondance avec la prononciation rurale ancienne « Grollieau ».

Son domaine, qui peut être évalué comme surface à la moitié du vignoble rouge d'Indre-et-Loire, se compose de toutes les régions qui ne sont pas désignées spécialement par les crus caractérisés du Cot, du Breton et du Noble ; il est cultivé un peu sur toute la surface de la Touraine, sauf dans les terrains calcaires, et a son centre véritable à Cinq-Mars, qui semble son pays d'origine (1).

Le Grolleau, qui est aussi l'un des membres de la vaste famille des *Vitis vinifera*, est donc véritablement un cépage local, incultivé dans les autres vignobles, et qui offre une synonymie fort restreinte. Il y a lieu de ne voir qu'une déformation ou un jeu de mots populaire dans le nom de *Groslot* pourtant encore répandu. Il faut aussi noter que le vin de Grolleau, récolté dans le Chinonais et dans le pays de Bourgueil, emprunte au sol le parfum local, ce qui fait dire que, dans ces régions, le Grolleau « bretonne ».

SYNONYMIE. — *Grolleau de Cinq-Mars, Grolleau, Groslot, Groslot de Vallères* (Indre-et-Loire).

Ce dernier n'est pas, à vrai dire, une variété du Grolleau de Cinq-Mars ; complètement confondu aujourd'hui, il n'a été l'objet de cette distinction, à une certaine époque, qu'à cause d'une qualité supérieure du vin produit dans les terrains de Vallères qui sont réputés.

RACINES. — La vigueur de la souche est un signe caractéristique de l'espèce ; elle se développe violemment dans les sols profonds et argileux qui sont les siens, et y établit un réseau abondant de racines destinées à nourrir copieusement une plante robuste et une production abondante. Les porte-greffes bien adaptés au sol continuent à donner au cépage sa vigueur propre.

MORPHOLOGIE DU RAMEAU. — La partie aérienne de la souche reste trapue, ramifiée en branches courtes et tordues sur lesquelles, à la taille, tout le bois est rabattu en taille courte. Les pousses se font sur les coursons qui donnent d'abondants sarments, au port étalé ; ils sont longs, minces, quoique vigoureux.

a) *Écorce.* — La surface de l'écorce est lisse, colorée de flammes carminées dans la première période de la croissance et prend, à l'aoûtement, une teinte brune très chaude.

(1) *Le Vignoble de Touraine*, par A. CHAUVIGNÉ, p. 23.

b) *Mérithalle*. — La longueur du mérithalle est réduite et irrégulière ; le fuseau est effilé, cylindrique, aux nœuds peu saillants et flammés de carmin.

Fig. 17. — Rameau de Grolleau.

c) *Bourgeons*. — Les pousses sont longues et minces, malgré la belle vigueur du cépage, le port en est droit et n'est pas sans grâce. Les feuilles et les bourgeons en leur entier sont luisants et glabres.

Phyllotaxie. — Les feuilles sont abondantes, vigoureuses, alternées entre elles et parallèles aux vrilles, à la pointe, et aux grappes, à la base.

a) *Pétiole*. — Le pétiole est érigé à 45°, mais présente une ligne irrégulière ; il est cylindrique avec une attache très coudée au rameau, et reste flammé très légèrement de carmin jusqu'à la chute.

b) *Limbe*. — La couleur du limbe offre la teinte d'un vert léger, quelque peu jaunâtre ; sa surface est très peu bullée et gaufrée sur les bords ; complètement glabre sur la face externe. Les dents sont alternées ; grandes et petites ; elles ont, ainsi que l'extrémité des lobes, l'aspect lancéolé et recourbé en arrière.

c) *Lobes*. — La feuille est quinque-lobée, mais d'une façon très irrégulière. Dans les feuilles types le sinus latéral supérieur est très peu marqué et présente souvent des anomalies. Quoi qu'il en soit, le grand nombre d'exemples de sinus latéraux supérieurs très creusés nous fait une obligation de classer le limbe du Grolleau type parmi les feuilles à cinq lobes.

Fig. 18. — Feuille de Grolleau, face externe.

d) *Sinus*. — Le sinus pétiolaire caractéristique est en O complètement fermé, ce qui n'empêche de rencontrer assez souvent des feuilles qui ne se conforment pas à cette règle. En général le limbe s'arrête à la limite que forment les nervures, ce qui donne souvent au sinus une forme angulaire. Les extrémités des deux lobes supérieurs se recouvrent l'une l'autre. Les sinus latéraux sont toujours très marqués et très arrondis dans leur profondeur, sauf ceux du haut du limbe qui restent atrophiés dans de maints exemples, et, parfois même, marqués d'un seul côté, comme dans la face externe que nous reproduisons ci-dessus (fig. 18).

Dans le cliché reproduisant la face interne (fig. 19), nous donnons l'exemple caractéristique de la forme absolument régulière et complète. Cette face est légèrement molletonnée de tissu aranéeux dans la deuxième partie de l'existence des feuilles.

e) *Nervures* très symétriques, très claires, saillantes sur les deux faces, presque complètement glabres.

VRILLES. — Vrilles puissantes, d'aspect rectiligne, offrant une grande solidité d'attache.

FLEUR. — Dans le pays de Cinq-Mars, on appelle *fourniture* la fleur de la vigne; elle est normalement développée, offrant la forme d'un pompon allongé, peu ailé. Elle est hâtive et fleurit, en moyenne, vers le 15 juin; la coulure est aussi un grave inconvénient pour ce cépage, mais elle se présente, à beaucoup près, moins fréquemment que chez le Cot, par exemple. .

Fig. 19. — Feuille de Grolleau, face interne.

FRUIT. — La grappe est conique, très grosse en temps normal, souvent ailée et allongée, formée de gros grains sphériques, nombreux, d'un bleu froid, et produisant des masses noires autour des ceps, à l'époque de la vendange. Le pédoncule reste vert ainsi que les pédicelles et montre une grande résistance à la coupe. La pulpe des grains est peu prononcée, mais le jus est très abondant, d'un goût doucereux, presque blanc, qui permet le pressurage *en blanc* sans fermentation à la cuve. L'époque de la maturité est plutôt hâtive et peut être fixée, en année normale, vers le 20 septembre.

GRAINE. — Le grain de raisin de Grolleau présente de 3 à 5 graines, il en a été trouvé plus dans certains cas exceptionnels; elles sont côteleuses, arrondies à l'extrémité supérieure, pointues en bas et aplanies du côté de la chalaze. L'embryon et les feuilles cotylédonaires s'insèrent presque immédiatement au métacarpe.

VIN. — Le vin de Grolleau ne peut, comme qualité, être comparé à aucun des types que nous avons étudiés jusqu'ici. De même qu'il faut reconnaître que, dans bien des cas isolés, et selon les terrains, il peut atteindre jusqu'à 12° d'alcool, il est vrai de déclarer que sa moyenne est entre 8 et 9°, et que la plupart du temps, elle se place au-dessous de 8°. Dans ces conditions, le Grolleau ne peut être classé que parmi les vins de second ordre, légers, coulants, d'une conservation douteuse au delà de quelques années, mais ayant une particulière qualité de fraîcheur et de fruité qui lui donne un rôle précis dans la consommation et dans le commerce, pour les coupages avec les gros vins du Midi.

Il est généralement connu par les négociants sous le nom de *Vin de Touraine*, appellation consacrée par les classificateurs officiels.

De tous les cépages tourangeaux c'est, de beaucoup, le plus abondant; quand rien de fâcheux ne se produit au point de vue climatérique, sa production atteint le maximum de 100 à 150 hectolitres à l'hectare, et sa moyenne, en année ordinaire, est de 70 à 75 hectolitres. .

Par suite de cette abondance inusitée dans la région, et de la qualité du cépage, le prix commercial du vin est sensiblement réduit, il se tient en cours moyen, aux environs de 50 francs les 250 litres.

Les Gamays.

Toutes les variétés du Gamay qui portent, même dans le pays d'origine, des noms très divers, sont une importation, très ancienne sans doute, de la Bourgogne et du Beaujolais. Elles se divisent en deux types ; le Gamay de couleur moyenne et le Gamay teinturier. Nous les étudierons en particulier, mais en donnant une attention spéciale au cépage teinturier le *Gamay Fréau*.

Le nom de Gamay ne doit pas être dénaturé de la forme sous laquelle nous le présentons, par la raison bien simple qu'il tire son origine de la petite localité qui porte le nom de Gamay, et qui est située en Bourgogne, tout près de Beaune.

A vrai dire, plusieurs des variétés répandues dans l'Est ont perdu quelques-uns des caractères du type originel en se multipliant et en changeant de culture ou de terrain; ce serait se perdre dans des détails infinis et inutiles que de chercher à les distinguer, nous nous attacherons donc seulement à la variété mère.

SYNONYMIE. — *Gamay noir*, *Petit Gamay*, *Gamay Nicolas* ou *Plant de la Treille*, ou *Plant Nicolas*, *Gamay Picard*, *Gamay de Mâlin*, *Plant de la Dôle*, *Plant de Bévy*, *Plant d'Arcenant*, *Plant d'Evelles*, *Plant de Labronde*, *Gros Bourguignon*, *Plant de Magny*, *Grosse race* (Bourgogne, Beaujolais); *Petite Lyonnaise*, *Gamay de Saint-Galmier*, *Gamay d'Orléans* ou *Lyonnaise commune* (Allier); *Lyonnaise du Jonchay* ou *Gamay Chatillon*, *Plant de Perrache* (Rhône); *Liverdun*, *Erié noir*, *Grosse race* (Doubs, Meurthe-et-Moselle); *Gamay noir* ou *Gamay du Beaujolais* (Touraine et Centre); *Barrolo* (Piémont).

Le père de tous les Gamays porte en Touraine le nom de *Gamay* du Beaujolais, il y est assez répandu, à titre de complément, dans bien des vignobles,

grands et petits, mais jamais sur une large surface ou comme base d'un domaine. Il est à remarquer aussi que la reconstitution l'a sensiblement propagé,
mais toujours dans de petites proportions. Nous le décrirons sommairement,

Fig. 20. — Rameau de Gamay-Fréau.

puisqu'il est essentiellement connu, qu'il n'a rien de local et qu'il ne présente
qu'une exception dans le département.

DESCRIPTION. — *La souche* est modérément vigoureuse et peu ramifiée.
Elle reçoit la taille courte à coursons; mais, dans certains cas de vigueur
particulière puisée dans un sol riche, elle supporterait la taille longue à
verges.

3

Les *rameaux* sont érigés, d'un développement moyen, les pousses ont le port droit et sont teintées d'un vert jaunissant, mais chaud. Les *mérithalles* sont moyens, aux nœuds minces, très légèrement sinueux. L'*écorce*, d'un beau vert vif, se teinte de flammes carminées foncées qui partent, surtout des nœuds. Le *pétiole* des feuilles est redressé à 45°, flammé à la base et s'attachant à la feuille par des nervures légèrement carminées, surtout à la face interne. Le *limbe* est mince, quinquélobé, résistant, luisant, glabre sur les deux faces, d'un beau vert foncé et découpé de dents alternantes, grandes et petites, aiguës, se teintant *légèrement* de carmin à l'automne.

Le *sinus* pétiolaire est ouvert franchement en V pendant la première partie de la végétation, plus tard il se referme sensiblement, le parenchyme le forme totalement jusqu'à l'attache du pétiole. Les sinus latéraux sont assez profonds, ceux des lobes supérieurs moins creusés ; les *vrilles* sont assez réduites et peu puissantes ; la *fleur*, en forme de houpette longue, aux fleurons serrés ; la *grappe* portée par un pédoncule très ligneux et vert, a la forme cylindro-conique, les grains ovoïdes, serrés et restant verts jusqu'à la véraison. Là, ils se colorent rapidement d'une vive nuance rouge foncé, qui bleuit à la maturité complète. Le jus est sucré, pas très abondant, et donne un vin nerveux, fruité, qui ne manque pas de finesse, mais qui garde quelque rudesse s'il reste seul. Partout, en Touraine, il demeure mélangé aux autres cépages et leur fournit une excellente collaboration. Sa production, en année moyenne, peut être de 40 à 50 hectolitres à l'hectare.

Fig. 21. — Feuille de Gamay-Fréau, face externe.

Le Gamay-Fréau.

Cette variété, issue du Gamay teinturier, n'est pas très ancienne ; elle a été obtenue par les hybridations faites lors de la reconstitution du vignoble et porte le nom de son auteur. Elle semble, en effet, avoir été inconnue dans le vignoble primitif ; son emploi s'est quelque peu multiplié, mais pas autant qu'elle le mérite, parce qu'elle présente, à notre avis, d'heureuses qualités qui sont de nature à la faire préférer à la plupart de nos teinturiers.

Le Gamay-Fréau offre d'excellentes conditions de culture, il est doué d'une puissance de coloration considérable, il produit un vin qui n'amoindrit en rien la qualité des vins dans lesquels il est incorporé, et, pour ces raisons, s'impose comme complément dans le choix des cépages d'un vignoble rouge. Nous allons donc donner sa description détaillée; ce qui, à notre connaissance, n'a pas encore été fait.

La souche supporte facilement la taille longue, quoique l'usage soit établi, comme pour les autres Gamays, de la taille à courçons. Son affinité est grande pour les Riparias-Gloire et pour les Rupestris.

Morphologie du rameau. — Les rameaux sont érigés, suffisamment développés, aux pousses délicates, abondamment pourvus de feuilles.

a) *Écorce*. — Pendant la végétation, l'écorce est teintée de vert vif, mais très flammée de couleurs carmin foncé sur presque toute la longueur des sarments. Le tissu est ligneux, résistant et prend, à l'aoûtement, une teinte de bois foncé.

b) *Mérithalle*. — L'entre-nœuds est fuselé, avec des renflements ovoïdes et allongés aux attaches qui sont directes et sans sinuosités. Il n'est pas complètement cylindrique, il s'aplatit sur deux faces et il est pourvu de rainures qui règnent sur presque toute la longueur du rameau. Le mérithalle est assez long sur les pousses, mais reste moyen sur le bois formé.

Fig. 22. — Feuille de Gamay-Fréau, face interne.

c) *Bourgeons*. — La pousse porte son bourgeon droit et gracieux, il présente une coloration caractéristique d'un rouge mordoré par son mélange en transparence avec le vert de la feuille naissante.

Phyllotaxie. — En raison du développement restreint des rameaux et du mérithalle, les feuilles sont modérément nombreuses; elles portent des signes distinctifs importants :

a) *Pétiole*. — Le pétiole est érigé à 45°, mais reste un peu arqué semblant s'infléchir sous le poids du limbe. Il est violemment coloré de carmin.

b) *Limbe*. — La feuille est d'une grandeur moyenne, alternante; son parenchyme est d'un vert vigoureux, et prend de très bonne heure des taches sanglantes sur les bords. Peu à peu celles-ci s'épandent sur toute la surface qui s'enlumine, à la véraison, de toute la gamme comprise entre le rose clair et le brun-rouge foncé. La surface est un peu bulbée et glabre sur les deux faces.

c) *Lobes.* — Le limbe est quinquelobé, mais il est à remarquer que les deux lobes supérieurs sont peu marqués par des sinus peu profonds. Les extrémités des lobes sont lancéolées et les dents petites et grandes alternées.

d) *Sinus.* — Le sinus pétiolaire est en forme d'O très allongé, les bords du limbe le forment en entier et se recouvrent l'un l'autre. Les sinus latéraux inférieurs sont ouverts en V peu profonds, et les supérieurs fort peu creusés. La pointe de la feuille est légèrement recourbée en arrière.

e) *Nervures.* — Les nervures sont normales, elles offrent le seul caractère d'une coloration carminée sur les deux faces.

VRILLES. — Les vrilles sont grêles, mais très ligneuses et résistantes, surtout après l'aoûtement ; pendant la pousse, elles n'offrent qu'un faible accolage ; elles sont placées symétriquement avec les premières feuilles des pousses.

FRUIT. — La grappe est arrondie et de moyenne grosseur ; elle présente des grains très serrés, cylindriques, mais souvent ovoïdes et déformés par suite de la pression. Dès qu'ils ont atteint un premier développement après la fleur, les grains se colorent d'un rouge sombre qui fait croire à la maturité bien avant qu'elle se produise. Au moment de la vendange les grappes sont très colorées, les grains pruinés, le jus sanguin, la peau très colorante et tendre. Dès la maturité, l'humidité entraîne des atteintes sérieuses de pourrissure. Le pédoncule et les pédicelles sont très vigoureusement teintés de carmin.

Les grappes sont nombreuses, quand les gelées printanières ont épargné les bourgeons très sensibles au froid et débourrant tôt. En raison du petit volume des grappes et des grains, la production reste au-dessous de la moyenne. Maturité très précoce : 15 septembre en année normale.

GRAINE. — Les graines au nombre de 4 à 6, assez régulièrement, sont grosses, bossuées, à chalaze peu apparente et à pointe aiguë.

VIN. — Ainsi que nous l'avons déjà signalé, le vin du Gamay-Fréau est un puissant colorant que nous n'hésitons pas à classer en tête des teinturiers dignes de développement sur notre sol tourangeau. Il est, en année moyenne, suffisamment alcoolique et varie de 8 à 9° ; il atteint jusqu'à 11° et ne descend guère au-dessous de 7°, en restant alors un vin consommable sans mélange. Son goût est frais, agréable, sans âcreté, quoique dur ; il devient doucereux dans les années très chaudes, menaçant de donner un excès de maturité. Sa couleur est solide et résiste aux soutirages.

Si nous conseillons sa culture, il n'y a pas lieu d'en déduire que nous la considérions autrement que comme un élément devant entrer dans la composition d'un vignoble, à titre de complément indispensable. Il ne convient pas de le planter sur d'importantes surfaces, mais sur la part faite pour assurer, en année ordinaire, une coloration qui pourrait faire défaut avec les cépages de Grolleau, de Gamay du Beaujolais, de Noble et même de Cot, car il est indiscutable qu'une bonne coloration favorise la vente aux yeux du commerce.

En dehors de la nature un peu rude du Gamay-Fréau, son peu d'abondance

est une raison majeure pour en limiter l'emploi. On compte environ 40 hectolitres à l'hectare, en année ordinaire, avec des écarts d'un tiers en plus ou en
moins, selon les conditions climatériques de l'année.

Le Gros-Noir.

Le groupe des *Teinturiers* est assez nombreux ; tous issus du V. *Vinifera*, ils se

Fig. 23. — Rameau de Gros-Noir.

sont localisés dans des régions où les ont retenus les affinités du sol et du climat.
Celui qui fut presque le seul en usage dans l'ancien vignoble tourangeau, porte

le nom populaire de *Gros-noir*, et demeure connu, par les ampélographes, sous la désignation de *Teinturier du Cher*.

Cette circonstance prouve que son principal domaine fut établi sur tout cours du Cher, qu'il pénétra ainsi en Touraine, ou s'en échappa, avec les coteaux de cette rivière, et fut l'un des éléments indispensables de la constitution des vins de cette région, si recherchés par le commerce pour leur fruit, leur nervosité et leur vive couleur. Ce nom ne désigne pas la grosseur des grappes qui, au contraire, sont réduites, mais l'intensité de la couleur.

Ce rôle se modifia sensiblement au cours de la reconstitution ; il diminua d'importance, au milieu de l'invasion d'une trop grande foule de cépages nouveaux. Le Gamay Fréau, que nous avons étudié ici, est le plus redoutable concurrent du Gros-noir, il le menace dans l'avenir ; cependant, quoique réduite, sa culture se maintient et répond à un besoin séculaire (1).

SYNONYMIE. — *Gros-noir, Teinturier* (Indre-et-Loire, Indre, Centre) ; *Teinturier* (Cher, Indre, Jura) ; *Oporto* (Gironde) ; *Tinta Francisca* (Haut-Douro) ; *Romé noir* (Andalousie).

M. Foëx donne le nom de *Gros-noir* dans sa synonymie du Cot (2) ; peut-être a-t-il connu quelque pays où ce nom est appliqué au Cot ; en tout cas la confusion n'est pas possible et nous n'avons pu confirmer cette appellation en ce qui nous concerne.

SOUCHE. — Le Gros-noir est un cépage dont la faible végétation, a été développée par le greffage. La souche est peu ramifiée, mais le réseau des sarments est assez touffu.

MORPHOLOGIE DU RAMEAU. — Les sarments sont étalés, assez nombreux, plutôt grêles, sans grand développement. La taille se fait sur coursons ; on connaît quelques cas de taille longue sur verge, mais le développement réduit du cépage ne comporte pas ce mode de culture.

a) *Écorce*, très ligneuse, porte des rainures tout au long des sarments ; elle se colore, dès le début, de vigoureuses flammes carminées, devient rouge à l'aoûtement, et conserve, après, une teinte de bois sombre.

b) *Mérithalle*. L'entre-nœuds est court, inégal, aux attaches sinueuses et renflées, portant, à l'aisselle des feuilles, des sous-bourgeons tôt développés. Le fuseau est cylindrique, plutôt aminci en son milieu ; le cylindre central très réduit et entouré de tissus fibreux très résistants.

c) *Bourgeons* d'apparence grêle et gracieuse, verts dans la première période, mais se colorant rapidement de lueurs rougeâtres. Les jeunes feuilles, les pétioles et les pousses sont recouverts d'un tomentum abondant, qui s'amoindrit dans les parties basses du rameau.

PHYLLOTAXIE. — Les feuilles sont abondantes, mais jamais grandes, alternées, très violemment colorées de rouge.

(1) Le vignoble de Touraine, par A. Chauvigné, p. 22.
(2) Cours complet de Viticulture, par E. Foëx, p. 201.

a) *Pétiole*. Les pétioles, au long du rameau, sont érigés inégalement et présentent des angles divers ; les attaches sont robustes ; le fuseau cylindrique porte deux fortes rainures latérales ; il est flammé de carmin presque au début de la végétation, porte un tissu cotonneux en filaments moyens.

b) *Limbe*. Le limbe est ferme, mais léger, formant un angle obtus avec l'attache pétiolaire et la face interne. Il est fortement découpé de sinus profonds et limité par de grandes dents et des petites alternées. Sa couleur primitive est d'un vert bronzé à la pousse, elle passe au vert soutenu, et se colore de pourpre sombre et dégradée par la suite de la végétation. La face externe est lisse, peu bullée et glâbre ; la face interne, d'un vert froid très tendre, est pourvue d'un tissu aranéeux, assez abondant.

c) *Lobes*. La feuille est quinquelobée, d'une forme très accentuée par des sinus très profonds. Les lobes latéraux sont quelque peu arrondis, celui du centre est lancéolé.

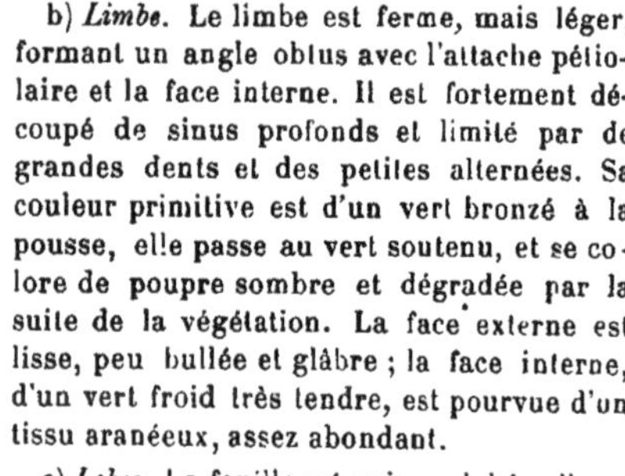

Fig. 24.
Feuille de Gros-Noir, face externe.

d) *Sinus*. Le sinus pétiolaire est complètement fermé, les bords des lobes supérieurs se recouvrent totalement, ils sont formés par le parenchyme à l'exclusion des nervures. Les sinus latéraux sont incurvés dans leur profondeur peu ouverte, et provoquent un léger papillonnement du parenchyme.

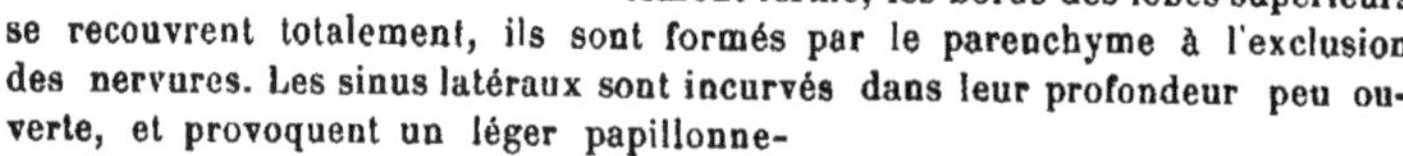

e) *Nervures*. L'armature de la feuille est vigoureuse, formée de nervures résistantes, flammées et glabres en dessus, claires et cotonneuses sur la face interne.

VRILLES. — Les vrilles sont minces, chétives, très résistantes, mais offrant des attaches sans puissance : elles sont empourprées, comme tous les autres organes, signe caractéristique d'ailleurs, de l'ensemble de ce cépage.

FLEUR. — Les fleurs du Gros-noir ne sont pas abondantes, on les trouve vers la base des rameaux au nombre de deux ou trois au plus, souvent une seule. Elles sont trapues, pas ailées, à pédoncule très rouge,

Fig. 25.
Feuille de Gros-Noir, face interne.

ainsi que les pédicelles ; elles sont généralement érigées, même quand la grappe est formée. La floraison est normale et s'opère communément bien.

Fʀᴜɪᴛ. — Les grappes, par suite, peu abondantes, sont cylindriques, aux grains serrés, et jamais grosses. La véraison se confond dans la couleur violente des grains, teintés de rouge foncé très longtemps avant la maturité. La couleur des grappes est très foncée et elles portent cependant une abondante fleur grise. Le grain est petit, cylindrique, de couleur très foncée ; la pulpe abondante, et le jus, vigoureusement carminés, en font un teinturier puissant. La maturité est plutôt précoce, elle précède de quelques jours seulement celle du Cot ou du Grolleau et, dans l'usage, il n'est guère opéré de vendange spéciale.

Gʀᴀɪɴᴇ. — Les graines sont vigoureusement attachées à la pulpe et sont au nombre de quatre en général, elles sont arrondies, côteleuses, aux fossettes accusées, à chalaze incurvée, et au bec arrondi.

Vɪɴ. — Le produit du Gros-noir est un vin très spécial, qui ne peut être consommé seul. En année normale, sa couleur est puissante, moins cependant que celle du Gamay Fréau, et surtout moins vive, c'est-à-dire plus foncée et plus sombre. Il porte une âpreté donnant de la dureté au vin qui, seul, reste rude et peu agréable. Mélangé aux autres cépages, il leur communique une couleur avantageuse, un fruité nerveux qui a fait la réputation des vins du Cher. La couleur tombe quelque peu aux soutirages.

Sa production, très réduite et inférieure à celle du Gamay Fréau, l'a fait tomber en quelque abandon, il faut cependant constater qu'il est moins atteint par les maladies cryptogamiques que son récent concurrent.

Le rendement moyen du Gros-noir est d'environ 25 hectolitres à l'hectare; ce vin n'entre dans le commerce que par exception, puisqu'il est régulièrement mélangé, par chaque propriétaire, à l'ensemble de sa récolte.

Le Petit-Bouschet.

Le Petit-Bouschet, par sa naissance et par son mode de pénétration dans la région centrale, ne semble pas, au premier abord, présenter un intérêt particulier au point de vue Tourangeau.

Il porte, en effet, un nom méridional, et il est venu à notre connaissance, lors de la reconstitution, après la crise phylloxérique, quand les grands hybridateurs nous en ont proposé l'achat pour la plantation de nos nouveaux vignobles.

Cependant, ce cépage a un lien de premier ordre avec notre pays : il coule en lui une sève tourangelle heureusement alliée à la sève du Midi. Ce titre est suffisant pour que nous le considérions, moins en détail que nos variétés du cru, mais assez pour en faire connaître l'origine et la nature.

Les importantes études pratiques qui ont fait au nom de « Bouschet » une réputation mondiale, depuis le moment où chacun a cherché, dans l'hybridation, une solution au désastre phylloxérique, ont donné naissance à la série de variétés nouvelles connues partout sous la désignation *d'hybrides Bouschet.*

Notre Petit-Bouschet est un produit des fécondations artificielles faites en 1880, pour obtenir des producteurs directs français chez lesquels on espérait rencontrer le sauveur du vignoble.

Parmi ces essais, l'un deux, obtenu par la fécondation de *l'Aramon* par le *Teinturier du Cher* donna une variété qui fut nommée « Petit-Bouschet » et chez laquelle nous allons rechercher les influences tourangelles.

DESCRIPTION ET RECHERCHE DES CARACTÈRES DISTINCTIFS ENTRE LES TROIS VARIÉTÉS. — A proprement parler le Petit-Bouschet n'est pas un hybride dans le sens scientifique du mot. Les hybrides sont les produits obtenus par le croisement de deux espèces distinctes appartenant à un seul genre, tandis que les auteurs du cépage qui nous occupe sont deux membres de la *même espèce* : le V. Vinifera.

Au point de vue botanique on doit donc comparer le Petit-Bouschet au résultat obtenu par l'union de plantes dioïques, auquel les deux individus apportent chacun des caractères qui leur sont propres.

SOUCHE. — La souche très vigoureuse de l'Aramon a perdu de sa puissance dans celle du Petit-Bouschet, qui reste modérément forte, avec des sarments qui tiennent le milieu entre les auteurs et restent étalés comme eux. Le bois plus clair que celui du Gros-noir se grisaille à l'hiver.

MÉRITHALLE. — Le mérithalle offre un contraste frappant : court chez l'Aramon et inégal chez le Gros-Noir, il devient assez long et régulier chez leur descendant.

SINUS. — Les caractères distincts de la feuille offrent un mélange curieux des origines : le sinus pétiolaire reste ouvert, presque identique à celui de l'Aramon, tandis que la feuille, dans son ensemble, se rapproche sensiblement de celle du Gros noir ; les sinus latéraux sont très marqués.

FEUILLE. — La forme quinquelobée du Gros-Noir subsiste entièrement ; tandis que l'Aramon qui présente une feuille peu découpée et presque ronde, disparaît complètement ; la feuille est d'un vert vif.

Les nervures sont violemment teintées d'un carmin violacé qui leur vient du teinturier ; elles sont glabres sur la face externe et garnies, sur la face interne, d'un tomentum moyen qui se retrouve également chez les deux auteurs. Enfin la feuille du Petit-Bouschet se colore de nuances vigoureuses sur ses bords seulement, tandis que celle de notre Gros noir est toute empourprée, et que celle de l'Aramon reste complètement verte.

FRUIT. — Dans la série des différences, le fruit est la partie qui présente le mélange le plus complet des deux espèces. La volumineuse grappe, ailée et conique, de l'Aramon et la petite grappe ronde du Gros noir ont produit un beau fruit moyen, ailé, à pédoncule rouge semi-ligneux et herbacé ; aux grains gros et cylindriques faisant oublier l'énorme production de l'un et la parcimonie de l'autre de ses parents. Le jus reste cependant suffisamment rouge pour que le cépage soit classé parmi les teinturiers, mais sans puissance colorante.

L'abondance est en proportion, elle est ramenée vers la moyenne pour les régions où on a coutume de recevoir les grands rendements.

En Touraine, soit par suite des conditions de culture, soit à cause du terrain et du climat, le rendement moyen du Petit-Bouschet reste au-dessous de celui qu'il atteint dans le Midi. Cependant après le Grolleau, c'est le cépage qui demeure le plus abondant dans les grandes années et sa production moyenne peut être évaluée à 80 hectolitres.

Vin. — Par suite du mélange intime des deux espèces, le résultat final : le vin, doit être composé de qualités et de défauts provenant des origines. Il l'est en effet. Le vin de Petit-Bouschet a pris au Gros noir une belle couleur rubis qui, dans les années chaudes à grande maturité, peut être dédoublée ; en temps ordinaire elle se suffit à elle-même seulement. Cette couleur, qui est un avantage sérieux, a perdu cependant de sa résistance avec le temps, par l'influence de l'Aramon qui est lui, le grand producteur des petits vins méridionaux, et dont le jus est blanc. Les soutirages de première année donnent donc des secousses trop violentes au vin de Petit-Bouschet et lui laissent une fin terne, rendant impossible une longue conservation.

Cette même influence du parent généreux, mais modérément affiné, se retrouve dans la qualité même du vin qui reste médiocre, fruité, sans étoffe, agréable, sans force alcoolique. Le Petit-Bouschet n'atteint guère au-dessus de 10° comme maximum ; on voit souvent son degré s'abaisser à 7°.

Son emploi est donc précis et limité. Ce cépage entre dans la composition de bien des vignobles grands et petits ; il n'est guère de vigneron chez lequel le hasard et l'inconnu de la reconstitution n'en aient pas introduit un nombre de souches plus ou moins grand. Il passe dans la masse sans la modifier beaucoup, mais sans l'avantager non plus, et participe ainsi à la conséquence partielle et néfaste du renouvellement de notre vignoble : l'égalisation des qualités, la tendance à la destruction du caractère propre des crus spéciaux.

Le Petit-Bouschet n'est pas seul à assumer cette responsabilité : tous les hybrides nouveaux, nés de l'ingéniosité des producteurs pendant la période des recherches, ont poussé vers ce but regrettable à notre avis.

Les propriétaires viticulteurs qui ont conservé la tradition des cépages de leur domaine, ou ceux qui, créant un vignoble, sont restés dans cette tradition locale, sont encore très nombreux heureusement ; ils auront toujours eu le profit et le mérite d'avoir maintenu la réputation des vieux crus, établie sur les bases solides d'une pratique séculaire.

Mais à côté de ceux-là, un trop grand nombre de viticulteurs irréfléchis se sont lancés dans l'inconnu des cépages nouveaux et ont créé dans chaque région, un stock de vins agréables sans doute, légers et d'une consommation facile, mais sans fruit d'origine qui pourrait les faire classer.

Le consommateur et le négociant, soucieux de leur goût, ne manquent pas de reconnaître leurs préférences ; dans toutes les régions françaises où ce mal a sévi également, ils choisissent les vins qui leur rappellent les vieilles réputations et ce sera toujours un honneur, pour les viticulteurs et pour le commerce, de défendre les origines des vieux vins de France.

CHAPITRE III

LES CÉPAGES ROUGES DIVERS

En dehors des cépages rouges que nous avons étudiés jusqu'ici, et qui occupent, dans la proportion indiquée, les grandes surfaces viticoles de Touraine, il existe, çà et là, une infinité de cépages plantés dans diverses régions, soit comme essais, soit que leur présence résulte de l'ingéniosité de quelques viticulteurs.

La reconstitution, qui nous a rendu de si importants services, ainsi que nous l'avons déjà dit, est responsable de cette invasion de plants étrangers qui n'ont pas tous trouvé fortune dans ce pays. Parmi ceux-là, il est juste de signaler que plusieurs d'entre eux sont de vieux cépages qui ont été importés très anciennement, mais dont la culture, pour des raisons diverses, ne s'est pas développée.

Nous allons donc terminer ce chapitre des *cépages rouges* en donnant, par ordre alphabétique, la liste simplement annotée de nos variétés, même les moins connues, afin de rendre aussi complète que possible cette étude ampélographique tourangelle.

CABERNET-SAUVIGNON. — Cépage venant du Bordelais sous les noms de *Petit-Cabernet, Petit Vidure, Navarre* dans la Dordogne. Son existence en Touraine doit remonter loin, bien que le comte Odart semble l'avoir ignoré, ou confondu avec le *Cabernet franc* ou breton, auquel il ressemble beaucoup. Il est signalé introduit en Anjou en 1842. La *souche* est moyennement vigoureuse et faiblit souvent selon le terrain. Les *sarments* sont longs, ainsi que le *mérithalle*, la *feuille* est quinquelobée ; le *sinus* pétiolaire en O complètement fermé et les sinus latéraux très profonds. Face externe bullée, face interne garnie de tomentum. La *grappe* est plutôt petite, peu conique, formée de *grains* sphériques, petits et serrés. Le *vin* porte le goût caractérisé de tous les Cabernets, mais il est moins fin et plus accusé que chez le Cabernet franc.

CONFORT. — Nom ancien donné à l'un des cépages de Touraine cultivé paraît-il, dans l'arrondissement de Loches dans la première moitié du XIXᵉ siècle. Nous n'en trouvons trace que sous la plume de l'œnologue Julien (1), le comte Odart l'ignore et il semble impossible de l'identifier.

CÔTE-RÔTIE. — La Côte-Rôtie n'est pas, à proprement parler, un cépage particulier ; c'est le nom qu'on a donné à *La Syrah* cultivée en majorité dans les

____

(1) JULIEN, *Topographie de tous les vignobles connus*, p. 61.

crus renommés de Côte-Rôtie (Rhône) et de l'Hermitage (Drôme), adaptant ainsi, à l'espèce, le nom du pays de son centre de culture (voir Syrah ci-après).

FRANCHE-NOIRE. — La grande tribu des Pinots de Bourgogne comporte quelques variétés secondaires parmi lesquelles la Franche-noire s'est autrefois quelque peu répandue en Touraine. Le comte Odart la désigne sous le nom de *Franc-noir* et de *Morillon-noir;* son parent de très près n'est autre que le Pinot-Franc de Bourgogne, c'est-à-dire notre Noble, mais non dans toute sa pureté. Les signes caractéristiques sont presque identiques, mais le vin produit reste de qualité médiocre.

MACÉ DOUX. — Cette variété, que nous retrouvons par une seule citation, porte plusieurs noms : *Mançais doux, Mansenc, gros Mansain, Mancin,* dans diverses régions françaises. Un viticulteur avisé, M. Renou Alexandre, de Perrusson, près de Loches, nous le signale comme ayant des *feuilles* moyennes, aux *sinus* peu marqués, aux *grappes* ailées et peu serrées, aux *grains* moyens, cylindriques et peu pruinés. Il semble qu'on pourrait le rattacher au *Pinot Noir* de Bourgogne. Il est d'ailleurs cultivé à Barrou (Indre-et-Loire) sous le nom de *Pinot.*

LE MORILLON. — Nous ne voulons pas reparler ici du Pinot noir, dont le nom de *Morillon-noir* n'est que l'une des formes, mais il y a quelque intérêt à signaler deux de ses variétés descendantes qui ont été, il est vrai, bien plus connues autrefois que de nos jours dans notre région.

1° Le *Gros Morillon* qui est également un membre de la tribu des Pinots, mais qui n'est guère cultivé que dans l'Orléanais sous le nom de *Gascon.* C'est un cépage étalé, vigoureux, à feuille petite et très découpée, au raisin cylindro-conique à grains très serrés et petits, produisant un vin ordinaire, mais très utilisé dans la consommation courante.

2° Le *Morillon hâtif* ou *Raisin de la Madeleine,* qui n'était cultivé que très exceptionnellement comme treille, à la façade sud des maisons rurales, à cause de sa précocité particulière. On peut le servir en août sur les tables comme raisin de bouche, il est âpre et sans charme, il produit un vin moins que médiocre qui, en réalité, n'existe pas.

LE MERLOT. — Cette variété du Cabernet, type du Breton de Touraine, est très peu répandue. Ses synonymes sont : *Vitraille, Crabutet, Plant Médoc, Alicante, Bigney,* cultivés surtout en Gironde. Les essais qui en ont été faits n'ont pas été poursuivis. C'est donc à titre d'exception qu'on le rencontre, et les paysans le tiennent en si petite estime qu'ils le considèrent, ce qui n'est pas exact d'ailleurs, comme un breton « dégénéré ».

Sa *feuille* quinquelobée est petite, bullée et découpée par de profonds sinus; *sinus* pétiolaire ouvert en V, tomentum sur la face interne; les *sarments* sont longs, semi érigés, le bois fort et la *souche* vigoureuse.

La *grappe* est cylindro-conique, aux grains serrés et petits d'un noir bleu; elle est extrêmement facile aux maladies cryptogamiques et à la pourriture en raison de sa maturité précoce. Le vin est médiocre, petit, porte le goût caractéristique de Breton, mais sensiblement moins fin et délicat. La production est abondante.

Le Meunier. — La plupart des ampélographes ont ignoré ou confondu le cépage qui porte en Touraine le nom de *Meunier* ou de *Plant Meunier*.

Pour plusieurs il n'est autre que le Pinot noir de Bourgogne, très probablement parce que ce cépage porte dans divers pays, le nom de Salvagnin noir, alors que le Meunier, originaire d'un Pinot du Jura, porte en Suisse le même nom de *Salvagnin*.

Quoi qu'il en soit, tout en étant une variété de Pinot, et, par suite, très proche parent du Noble, il présente des caractères très tranchés qu'il faut préciser.

Ce qui tend à la confusion, c'est le *tomentum* abondant qui recouvre les bourgeons, même sur la surface externe des *feuilles*, mais surtout sur la face interne. Celles-ci sont larges, bullées, trilobées, au *sinus* pétiolaire assez ouvert. Les *rameaux* sont plutôt forts, à *mérithalles* longs et sinueux.

Ses caractères sont assez difficiles à reconnaître, mais devant le *fruit* ils se précisent et frappent l'observateur. La grappe du Meunier est longue et ailée, les grains sont gros, ovoïdes et moins serrés que ceux du Noble qui présente des grappes plus petites et plus fournies de grains cylindriques. Dans les vignobles où le Noble est cultivé, les types à grains ovoïdes dont nous avons parlé dans notre article sur le *Noble*, appartiennent vraisemblablement au Plant Meunier.

Le vin produit est de bonne qualité, se rapprochant de près de celle du Noble, mais offrant moins de finesse et de bouquet.

Le Pinot gris. — Ce cépage, qui est une variété du Pinot de Bourgogne, c'est-à-dire du Plant Noble de Touraine, est connu aussi sous des noms divers qui lui viennent de certaines contrées françaises et qui ont cours en ce pays.

Le Pinot gris est donc très répandu sous le nom de *Malvoisie*, d'*Auvernat gris*, d'*Auxerrois*, de *Beurot*, de *Fromenteau*, d'*Arnaison rouge*, bien que ces quatre derniers soient de provenance bourguignonne ou champenoise. Ceux-ci sont également des noms très anciennement usités, on les retrouve dans les ouvrages des premiers œnologues.

Le nom de *Fromenteau* ne doit pas être confondu avec la variété *blanche* dont le nom véritable est la *Roussanne* et est originaire du Dauphiné.

Ce cépage offre les mêmes caractères que le Pinot noir, et il est difficile à reconnaître; cependant on doit remarquer que les *sinus* des feuilles sont moins profonds, celles-ci sont plus grandes et en rapport avec une fertilité accentuée de la *souche*. Le raisin est franchement différent : *grappes* grosses, grains sphériques, jus peu coloré et abondant, doucereux, d'une grande finesse, produisant un vin tout à fait supérieur.

Le Portugais bleu. — Les origines du Portugais bleu semblent imprécises; certains auteurs l'ont rapproché de la *Nocera* cultivée en Sicile et répandue en France, aux premiers temps de la reconstitution, à cause de la confiance injustifiée qu'on avait en lui pour sa résistance au Phylloxera. Les caractères distinctifs de la Nocera ne se rapportent qu'imparfaitement à ceux que nous observons sur les pieds que nous possédons dans notre collection de la Mésangerie (à Saint-Avertin, Indre-et-Loire) et nous inclinons à croire que le Portugais bleu n'est autre que l'*Alvarelhao*, cépage originaire du Haut-Douro, où il est encore

très cultivé. Cette circonstance expliquerait le nom de *Portugais* qui lui est donné
en France, accompagné du nom de la couleur qui est exactement celle de son fruit
mûr. Ce cépage est de moins en moins cultivé en Touraine, où il se montre pourtant très vigoureux, mais à cause du peu de qualité de son vin plat et sans couleur, et aussi de la difficulté parfois insurmontable qu'on éprouve à le préserver
de l'Oïdium, du Mildiou et de la pourriture.

Les *feuilles* sont quinquelobées, aux *sinus* très profonds, d'un vert jaunâtre,
les *grappes* sont très grosses, coniques, ailées, d'un noir bleu ; jus blanc, doux,
abondant, d'une production considérable ; maturité très hâtive.

LE SALAIS. — Ce nom de cépage que nous ne retrouvons que grâce à l'ouvrage
de Julien, a dû sombrer dans la reconstitution et ne doit exister qu'en de rares
exemplaires, de nos jours, en Indre-et-Loire.

Sans rien affirmer, il semble que ce cépage ne soit autre que la *Salanaise* de
Givors (Rhône), laquelle elle-même est la *Mondeuse* du Lyonnais et la *Sirah* ou
Serine de la Drôme, à laquelle nous renvoyons le lecteur à l'article spécial ci-
après. Le Salais serait alors un membre de la famille des Gamays, il en porte
d'ailleurs les caractères.

LES SURINS ROUGE ET GRIS. — Le véritable *Surin*, c'est-à-dire le plus répandu,
est le Sauvignon des Sauternes renommés ; c'est, par conséquent, un cépage
blanc, nous y reviendrons plus loin dans notre chapitre des cépages blancs
divers. Ici nous signalerons seulement l'existence des deux variétés rouges qui
sont cultivées à titre d'exception, et pour ainsi dire, comme raisins de table.
Leur végétation est médiocre et leurs caractères, sauf la nature du raisin, se
confondent absolument avec ceux de la variété blanche.

LA SYRAH. — La Syrah est le nom réel du cépage qui est avantageusement
connu sous plusieurs autres noms très répandus, tels que la *Serine noire, Côte-
Rôtie* (Touraine et Drôme), *Candive, Sirène* (Isère), *Plant de la Biaune* (Loire).
C'est une variété du Gamay offrant des qualités remarquables dans les crus
renommés où elle est cultivée sur de grandes surfaces. En Touraine elle était
plus répandue autrefois que maintenant.

La *souche* est vigoureuse, offre une bonne affinité de greffage, les *sarments* sont
étalés, à *mérithalles* longs. La *feuille* quinquelobée est grande, verte, glabre en
dessus, garnie de tissu aranéeux, surtout sur les nervures de la face interne. Le
sinus pétiolaire caractéristique est en V ouvert absolument régulier.

VIRET. — Ce cépage, qui est cité par Julien, n'est connu en Touraine que par
de très rares et très anciens vignerons ; il a d'ailleurs complètement disparu. Il
semble avoir porté le nom de *Véret*, et il ne serait pas impossible que ce fut le
Térret de la Vaucluse qui existe sous trois formes : noire, grise, blanche. On pré-
tend avoir vu sur ces souches des raisins noirs à la base des sarments, des gris
au milieu, et des blancs au sommmet, ce qui se produit paraît-il dans le Midi.

Nous bornerons ici cette énumération des cépages rouges divers ; ceux que
nous ne citons pas sont dus aux importations individuelles et à des expériences
qui n'ont pas encore fait leurs preuves, ce sera peut-être l'œuvre de l'avenir.

CHAPITRE IV

LES CÉPAGES BLANCS

Les Pineaux blancs.

La série des Pineaux blancs (1) de la Loire domine de beaucoup tous les autres cépages blancs cultivés en Touraine, par la nature spéciale et par la qualité des produits. Ils ont, de plus, un caractère qu'il faut signaler hautement : ils ne sont le résultat d'aucune importation étrangère à la région, ils sont nés, à une époque fort ancienne et inconnue, sur les bords de la Loire, à un endroit qu'on peut fixer entre la limite Est de la Touraine et la ville d'Angers, sans qu'il soit possible de dire si le lieu précis d'origine est plutôt Vouvray en Touraine, ou la coulée de Serrant en Anjou. C'est donc une espèce indigène par excellence.

Quoi qu'il en soit, ces deux régions, si voisines et si unies par le trait d'union que forment la Loire et ses coteaux, peuvent être considérées comme le berceau de nos Pineaux blancs; le fleuve leur a donné son nom, il les proclame comme les variétés les plus locales et appartenant indissolublement au pays.

Étudions donc maintenant ces divers cépages en commençant par le plus justement réputé.

Le Gros Pineau de la Loire.

L'aire géographique du Gros Pineau de la Loire, localisée tout d'abord, sans doute, s'est peu à peu agrandie; elle occupait largement les deux rives de la Loire, en Touraine, mais sur une bande assez mince, ainsi que sur les coteaux d'Azay-le-Rideau. Au Nord les coteaux du Loir (confins de la Sarthe et Nord du Loir-et-Cher) ont vu le Pineau se développer avec succès; puis le centre du Blé-

---

(1) Comme suite à notre annotation, p. 20, à l'occasion des Pinots de Bourgogne, nous rappelons que nous adoptons l'orthographe *Pineau* pour ceux de Touraine parce qu'elle correspond à la prononciation ancienne *Pinieau* dans les campagnes.

sois l'a également accueilli. Enfin, tout l'Est du département de Maine-et-Loire, et le Nord des Deux-Sèvres, ont complété un domaine qui est devenu d'une réputation mondiale.

La replantation, après la crise phylloxérique, n'a pas vu décroître son

Fig. 26. — Rameau de Gros Pineau de la Loire.

domaine. Les viticulteurs, certains de posséder un trésor, l'on conservé avec soin; on a même constaté, depuis vingt ans, de nombreux accroissements dans la culture du Pineau, çà et là, souvent dans des situations pas très justifiées, mais aussi dans les crus les plus renommés où on peut affirmer qu'il règne sans partage autre que le Petit Pineau, en faible proportion.

Les centres qui ont donné les meilleurs produits sont, en Touraine, la région de Vouvray, Montlouis, Saint-Martin-le-Beau, Azay-le-Rideau ; dans la Sarthe, les bords du Loir avec le clos des Jannières ; le Saumurois, le Layon, avec la coulée de Serrant en Maine-et-Loire ; Brézé dans les Deux-Sèvres.

Synonymie. — *Gros Pineau blanc de la Loire, Chenin blanc, Gros Pineau* (Indre-et-Loire) *Chenin* (arrondissement de Chinon, Indre-et-Loire et Vienne) *Plant de Brézé* (Deux-Sèvres) *Plant de Maillé, Plant d'Anjou* (Anjou); *Vigne Lombarde,* (Gard); *Plant de Salès* (Provence).

Souche. — La vigueur de la souche est particulièrement affirmée, elle se ramifie avec quelque torsion des membres prend, avec l'âge, un beau développement qui porte vaillamment sa charge. L'adaptation aux principaux portegreffes est parfaite ; elle a été une question fort délicate à cause des terrains souvent très calcaires du vignoble blanc. Les variétés américaines qui ont été les plus employées pour la reconstitution du Pineau en Indre-et-Loire ont donné toute satisfaction, il n'est pas possible de constater à l'heure actuelle, le moindre fléchissement dans la végétation ; elles sont les suivantes : Le *Riparia-Rupestris* 3.309 ; le *Rupestris-Monticola;* le *Riparia, Gloire de Touraine;* le *Riparia Gloire de Montpellier.*

Morphologie du Rameau. — Les sarments sont abondants et érigés sur la souche, qui formait autrefois des gobelets montés autour des échalas. Depuis la réno-

Fig. 27. — Feuille de Gros Pineau, face externe.

vation des vignobles, la conduite sur fils de fer s'est généralisée, mais toujours avec le système de la taille courte à coursons, qui est le seul à convenir aux Pineaux blancs.

a) *Écorce.* — L'écorce est d'un joli vert clair, légèrement flammé sur les pousses, elle est ligneuse, pourvue de rainures assez apparentes. Elle s'aoûte à la longue, en raison de la maturité tardive, et devient d'un beau ton jaune clair, légèrement assombri après la chute des feuilles.

4

b) *Mérithalles*. — La régularité du mérithalle n'est pas rigoureuse; il est, en principe, court, sinueux, cylindrique et d'égale grosseur dans toute sa longueur; les nœuds présentent de fortes attaches renflées. Le cylindre central est régulier, plutôt réduit, laissant la moitié du diamètre au tissu cortical.

c) *Bourgeons*. — Les jeunes pousses sont élégantes d'un vert vif et chaud, recouvertes d'un tomentum assez abondant, mais accentué seulement sur l'extrême pousse.

PHYLLOTAXIE. — Les feuilles sont d'autant plus nombreuses que les mérithalles sont courts; elles sont alternées, érigées à 45° sur le rameau, mais le limbe s'incline vigoureusement au point de devenir presque parallèle à l'axe du rameau.

a) *Pétiole*. — La longueur du pétiole est assez réduite; il est cylindrique, flammé, fortement fixé au nœud, il s'arrondit pour s'attacher au limbe et lui donner sa forme inclinée.

b) *Limbe*. — La feuille est d'un vert foncé vigoureux sur la face externe qui est bullée et glabre; la face interne présente une teinte très éclaircie mais verte, et porte un abondant tissu aranéeux. Le limbe est épais, trilobé, presque arrondi, découpé de dents obtuses, grandes et petites, alternées et sans régularité.

c) *Lobes*. — Les trois lobes sont peu distincts et laissent à la feuille une forme plutôt ronde, allongée seulement par le lobe central dont la pointe est peu accusée.

Fig. 28. — Feuille de Gros Pineau, face interne.

d) *Sinus*. — Le sinus pétiolaire a la forme d'un V peu ouvert; il se dessine dans le parenchyme indépendamment de la première nervure. Les sinus latéraux sont trop peu marqués, ouverts en V aussi, mais peu profonds.

e) *Nervures*. — L'armature du limbe est vigoureuse, fortement attachée au pétiole; sur la face externe les nervures sont colorées de rouge, et paraissent noyées dans le tomentum de la face interne.

VRILLES. — L'attache des rameaux par les vrilles est solide; elles présentent un tissu ligneux, très résistant seulement dans la seconde période de leur fonction. Elles sont érigées à 45°, parallèlement aux feuilles. La première partie de la vrille est rectiligne, l'extrémité se coude vers la ramification des pointes.

Fleur. — La fleur du Gros Pineau offre l'aspect de la vigueur et promet un fruit qui peut devenir abondant. Elle est ailée, garnie de nombreux fleurons recouverts d'un ample chapeau ou corolle caduque. Les étamines sont au nombre assez régulier de 5 autour d'un stigmate capité et fort résistant, son extrémité reste souvent persistante à la face de la pellicule du grain. Sa floraison est généralement hâtive, elle est encore avancée par l'exposition chaude et précoce des terrains où se trouvent toujours les cultures de Pineau. L'époque moyenne peut être fixée dans les premiers jours de juin.

Fruit. — A l'occasion de la description du fruit du Gros Pineau, il y a lieu de rétablir dans leur vérité les signes distinctifs de l'espèce qui n'ont pas été signalés autrefois comme ils auraient dû l'être. Les trois points caractéristiques portent :

1° Sur la grosseur de la grappe qui, avant l'invasion de toutes les maladies et des parasites nouveaux, assurait une abondance à peu près régulière;

2° Sur la forme ovoïde, peu accentuée il est vrai, des grains, et non pas cylindrique, comme cela a été dit quelquefois;

3° Sur la maturité extrêmement tardive de ce raisin qui demande, pour donner une complète qualité, un état qu'on appelle, dans le pays, la *pourriture noble.*

Donc, la petite proportion des grappes ne peut être constatée, dans l'ensemble, que sur des individus dégénérés ou confondus avec le Petit Pineau, dont il sera question plus loin, celles du type pur sont grosses, à grains moyens, légèrement ovoïdes, et, quoique ailés, les grains sont souvent très serrés. Leur teinte devient jaune à la maturité, et la pellicule, en arrière-saison, se marque de taches de rousseur sous l'action dorée du soleil. Le pédoncule est très ligneux et reste, ainsi que les pédicelles, entièrement vert. La peau est mince, crève parfois sous l'atteinte de l'humidité; le jus est particulièrement savoureux et agréable, très sucré et abondant. La coutume est de presser le raisin le jour même de la cueillette pour préserver le moût de la jaunissure. La vendange se fait, en général, dans la dernière dizaine d'octobre, et, dans les automnes secs et chauds, elle se prolonge même en novembre.

Graine. — Le nombre des graines varie de 2 à 5, elles sont assez grosses, les deux lobes développés et arrondis pendant que le bec se présente en pointe. L'endosperme est abondant et ténu, l'embryon fort, les feuilles cotylédonaires assez allongées, chalaze saillante dans une dépression incurvée.

Vin. — Si la série des cépages rouges est longue et donne des vins très différents, il n'en est pas de même pour les blancs qui sont peu nombreux et laissent une maîtrise absolue au Gros Pineau. Celui-ci, en effet, domine hautement tous les cépages blancs du pays; c'est le véritable roi des vins blancs de la Touraine et de l'Anjou.

Dans le pays tourangeau, où il donne ses plus belles qualités, c'est-à-dire à

Vouvray, sur les coteaux qui bordent la Loire (1), ce vin est clair, de couleur ambrée, sec, doux ou mousseux selon les coteaux. Dans les grandes années, en bon cru, il atteint jusqu'à 13 et 14°; il ne descend jamais au-dessous de 10°.

Le commerce le recherche pour une clientèle qui s'étend même à l'étranger, surtout en Belgique, où il commence à reprendre l'essor exceptionnel qu'il avait aux temps anciens et qui lui fit une haute réputation.

Sa saveur est caractéristique, d'un bouquet qui charme et cache les traîtrises de sa force alcoolique. Une expression devenue légendaire dit que ce vin a le goût « de pierre à fusil », ce qui est une allusion aux nombreux silex qui se trouvent répandus à la surface argileuse des sols dits : à vin blanc. A vrai dire on ne voit pas bien ce que peut être le goût du silex transposé dans la liqueur généreuse du vin de Pineau; convenons que les sucs nourriciers des éléments géologiques assimilables combinés aux qualités remarquables du cépage font le caractère particulier de ce vin merveilleux, qui, dans les grands crus, devient très doux et a laissé avec une auréole spéciale les années de 1870, 1893, 1895, pour ne parler que de celles-là. Le Gros Pineau ne donne pas seulement un vin estimé, il est aussi très généreux. En se plaçant toujours en dehors des cas exceptionnels qui donnent des récoltes réduites, la moyenne de la production est de 50 hectolitres à l'hectare : elle peut atteindre de 80 à 90 à l'hectare. Ces chiffres ne sont pas connus en Touraine depuis une longue période d'années, plus néfastes les unes que les autres. Sans être plus sensibles que les cépages rouges aux atteintes du Mildiou, il faut cependant le défendre vigoureusement contre ce fléau et contre l'Oïdium. La Cochylis en est particulièrement gourmande et, à l'heure où nous écrivons (septembre 1913), l'invasion de la seconde génération prend les proportions d'un désastre étendu d'ailleurs sur la Touraine tout entière.

Le Petit Pineau.

Ce cépage, qui se montre très proche parent du gros Pineau, porte ce nom par opposition au premier, et parce qu'il présente des feuilles, des grappes et des grains plus petits; enfin, sa valeur comme cépage et comme vin, est également moindre. C'est donc un diminutif du gros Pineau et il semble, puisqu'on n'en connaît pas d'autre origine, qu'il soit le descendant, légèrement inférieur, du type originel, transformé par la culture dans des terrains impropres. Il s'est ainsi mué en variété distincte.

Une autre variété s'est également formée dans des conditions identiques sans doute, et, pour montrer ses analogies, l'usage populaire l'a nommé *Menu Pineau*.

A vrai dire, c'est une seule et même espèce dans laquelle la nature s'est complue à créer des caprices.

Les deux variétés présentent des caractères semblables : mêmes feuilles, mêmes grappes, sauf celles du Menu Pineau qui sont plus serrées de grains, qui paraissent cylindriques et prennent, à la maturité, une couleur plus jaune. Les

(1) *Monographie de la commune de Vouvray et de son vignoble*, par. Aug. CHAUVIGNÉ.

feuilles elles-mêmes, après l'aoûtement et près des vendanges, revêtent des taches de rousseur inaccoutumées chez les autres variétés de l'espèce.

Ces deux cépages faciles à confondre sont plus spécialement représentés par

Fig 29. — Rameau de Petit Pineau.

le Petit Pineau plus caractérisé : c'est donc sur lui que nous porterons, pour la première fois, une attention sérieuse, en opposition avec le Gros Pineau.

Parmi les ampélographes anciens, il n'y a guère que le comte Odart qui signale ces deux variétés qui semblent confondues ou inconnues dans les autres vignobles français; leur *synonymie* se borne donc seulement à ces deux formes : *Petit Pineau* et *Menu Pineau*.

Souche. — Le Petit Pineau suit les mêmes affinités, pour les porte-greffes et pour le greffage, que la variété mère : le Gros Pineau. Sa culture se faisant dans les mêmes milieux et concurremment avec cette dernière, les mêmes adaptations américaines en ont résulté. La souche se forme normalement, plutôt branchue et tortueuse, offrant de la vigueur et un port érigé; la taille courte à coursons est appliquée uniquement.

Morphologie du rameau. — La disposition du rameau offre des différences avec celle du Gros Pineau; il est plus effilé, plus grêle, moins enfoui sous les feuilles, le deuxième mérithalle présente rapidement des feuilles développées.

a) *Écorce.* — L'écorce flammée du carmin sur les extrémités des rameaux, prend une couleur jaune clair de très bonne heure, et s'aoûte tard, mais par une teinte de claire noisette. Elle est très ligneuse et lisse.

b) *Mérithalle.* — Le fuseau est cylindrique, plutôt long, mais inégal et offre des sinuosités sensibles aux attaches des nœuds qui sont pourvues de bourgeons hâtifs à l'aisselle des pétioles.

c) *Bourgeons.* — La pousse reste d'une belle teinte vert-jaune très chaude, et très tomenteuse à l'extrême pointe seulement.

Phyllotaxie. — Les feuilles n'ont pas un développement semblable à celui du Gros Pineau; elles sont d'une couleur vert foncé, un peu bullées, peu découpées et légèrement lancéolées à l'extrémité médiale.

Fig. 30.
Feuille de Petit Pineau, face externe.

a) *Pétiole* — Le pétiole est exceptionnellement long, mince, un peu sinueux, délicatement attaché au rameau et flammé de carmin.

b) *Limbe.* — L'épaisseur du limbe est moyenne; il est complètement lisse sur la face externe et garni d'un tissu aranéeux peu abondant, répandu également sur les nervures dorsales.

c) *Lobes.* — Les deux lobes supérieurs sont par trop peu marqués pour déclarer la feuille quinquelobée; une simple dent au sinus atrophié les marque insensiblement. Les trois lobes sont donc seuls établis sans conteste et affirment une forme peu lancéolée, avec une pointe qui a tendance à se rentrer en arrière. Les dents sont peu accusées et alternées, petites et grandes.

d) *Sinus*. — Le sinus pétiolaire est identique à celui du Gros Pineau, il est en V ouvert, mais montre moins de régularité. Quant aux sinus latéraux, ils sont franchement plus ouverts, sans être profonds ni réguliers.

e) *Nervures* normales, conformes au type, complètement vertes et claires sur la face interne.

Vrilles. — Les vrilles sont nombreuses, mais peu développées, alternant avec les feuilles, ligneuses et résistantes.

Fleur. — Elle a une forme peu allongée, ronde, aux fleurons serrés; peu ailée, gardant longtemps une position érigée. La floraison est normale vers le 15 juin.

Fruit. — La grappe de raisin est caractéristique, ainsi que nous l'avons déjà dit. Elle est moins longue, moins ailée, aux grains tassés et plus petits que ceux du Gros Pineau. Le grain est moins volumineux aussi et, contrairement à ce que déclare le comte Odart, ils ne sont pas complètement cylindriques. C'est même à ce signe qu'on peut mieux reconnaître l'espèce. La pellicule est mince et la couleur des grappes plus jaune, se dore plus aisément au soleil. Le jus est assez abondant et très sucré, tout en fournissant une force alcoolique moindre.

La maturité s'opère en même temps que celle des autres Pineaux blancs, c'est-à-dire très tardivement.

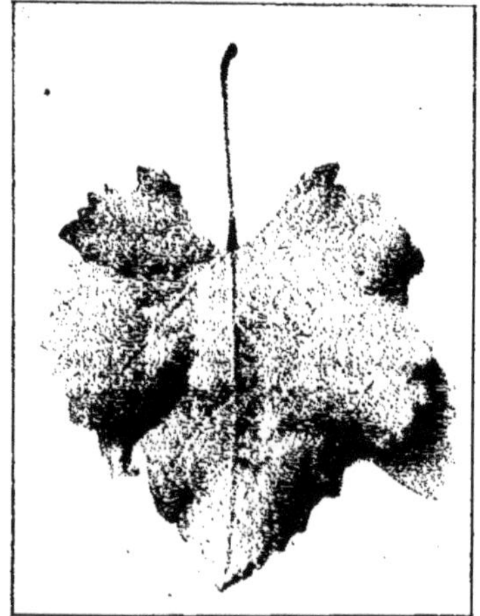

Fig. 31.
Feuille de Petit Pineau, face interne.

Graine. — La constitution de la graine reste conforme au type, mais nous croyons avoir remarqué qu'elle a plus de développement, et cette circonstance, jointe au volume plutôt moindre des grains, explique la diminution du rendement.

Vin. — Le produit du Petit Pineau est encore le signe d'une démarcation assez nette. Son vin est sensiblement plus léger et n'atteint pas les hauts degrés du Gros Pineau; mais il offre souvent plus de souplesse et c'est dans ce rôle qu'il prend une certaine importance dans nos vignobles.

Bien des viticulteurs le font entrer, en une proportion raisonnée, dans leur culture, pour opérer ainsi un mélange judicieux dans leur vin, qu'ils prétendent amélioré par sa présence. On croit que l'introduction du Petit Pineau pour un quart dans la vendange du Gros Pineau donne au résultat plus de finesse, plus de douceur et plus de bouquet.

D'accord avec les plus grands viticulteurs de Vouvray, nous devons émettre un avis contraire. Que le mélange des deux variétés fournisse d'excellents vins de grande consommation courante, faciles et gracieux à la dégustation, cela ne semble pas douteux; mais quand il s'agit de décerner la palme à une grande année, à un grand cru ou à un vin réunissant les qualités totales du Vouvray, par exemple, nous pouvons affirmer que les dégustateurs iront tout droit au vin de Gros Pineau pur.

Le rendement, par suite de ce qui précède, est moindre que celui du père de l'espèce; il est évalué en moyenne à 40 hectolitres par hectare, bien qu'il soit susceptible de bien des générosités, quand les conditions atmosphériques ou la Cochylis ne s'y opposent pas.

La Folle Blanche.

La vigne blanche, qui arrive au troisième plan, en Touraine, est dénommée *Folle blanche*. Cette valeur relative lui est acquise par le développement de sa culture réduit, presque exclusivement, à l'arrondissement de Chinon et, en particulier, au Sud de la Vienne (1), puis à la qualité comme produit.

Il existe trois variétés de Folle Blanche, offrant de très faibles différences ampélographiques; elles sont cultivées sous des noms divers dans quelques régions françaises.

Folle blanche en Touraine, où elle produit de bons petits vins de commerce, et dans les Charentes où elle sert à la production des eaux-de-vie fameuses; *Gros Plant*, dans le Nantais, donnant un flot considérable de vins médiocres de commerce; *Piquepouille* dans le Sud-Ouest où elle fournit, dans le Gers, les Armagnacs réputés. Elle entre aussi, dans le Limousin, dans la composition de la *Blanquette*, si connue dans l'Aude.

Nous ne nous occuperons donc ici que de la variété qui est cultivée en Touraine, sous le nom de Folle Blanche.

Synonymie. — *Folle Blanche* (Touraine, Vienne, Deux-Sèvres, Charentes); *Gros Plant* (Loire-Inférieure, Vendée); *Piquepouille* (Gers et Sud-Ouest); *Enrageat* (Gironde et Dordogne); *Colombar* (Charente); *Chalosse, Grosse Chalosse, Plant Madame, Grais, Rebauche* (Sud-Ouest).

Souche. — Ce plant étant très vigoureux, la souche prend un beau développement que la taille courte main- tient trapue, étalée et basse. Les bras sont assez tortueux et ramifiés. L'adaptation aux américains a suivi la règle imposée par les terrains calcaires dans lesquels cette vigne était destinée à vivre et à étendre son domaine.

Morphologie du rameau. — Les sarments sont étalés, et, encore dans bien des cultures, courent sur le sol; ils sont gros, courts et annoncent la vigueur, ils sont fournis de feuilles et sont taillés court à coursons.

(1) *Le Vignoble de Touraine*, par Aug. Chauvigné, p. 17.

a) *Écorce.* — La couleur de l'écorce est, pendant la pousse, d'un vert clair assez jaunâtre, elle s'éclaire encore à l'aoûtement pour devenir d'un brun roussâtre; elle est assez fortement ligneuse.

b) *Mérithalle.* — Les mérithalles sont courts, peu sinueux, noués légèrement et assez égaux.

Fig. 32. — Rameau de Folle Blanche.

c) *Bourgeons.* — La pousse des rameaux est gracile, les feuilles n'entrent en développement qu'au deuxième nœud ; les bourgeons sont recouverts d'un tomentum peu abondant. Le débourrage, assez précoce, expose la Folle aux gelées printanières.

PHYLLOTAXIE. — Les feuilles assez nombreuses restent de moyenne grandeur, elles sont alternées et parallèles aux vrilles ou aux grappes.

a) *Pétiole*. — Le pétiole est érigé franchement à 45°, il demeure très droit et ferme, quelque peu flammé, cylindrique, et vigoureusement attaché au nœud.

b) *Limbe*. — Le limbe est moyen, forme quinquelobée, faiblement accusée par les sinus supérieurs; légèrement bullé, s'attache à angle droit avec le pétiole; sa couleur est d'un vert foncé sur la face externe, et jaunâtre à la face interne; la première est glabre, la seconde faiblement garnie d'un tissu araéeux. Les bords du limbe sont formés par des dents grandes et petites alternées, assez aiguës; l'ensemble est un peu papillonné.

Fig. 33. — Feuille de Folle Blanche, face externe.

c) *Lobes*. — La forme des lobes est assez nettement dessinée, sauf pour les deux lobes supérieurs, leurs contours sont allongés et un peu lancéolés à la pointe qui tend à se revirer en arrière.

d) *Sinus*. — Le sinus pétiolaire est caractéristique; on l'a indiqué en V assez fermé, c'est plutôt un O qu'il faut dire; l'extrémité des lobes est un peu recouverte, la base du sinus, à son attache au pédoncule, est formée par le début des nervures latérales et le limbe forme la partie supérieure, à compter de quelques millimètres seulement. Les sinus latéraux sont profonds, très incurvés et parallèles.

e) *Nervures*. — Elles restent vigoureuses, saillantes en dessous et teintées de carmin.

VRILLES. — L'appareil qui sert à l'accolage naturel manque de vigueur; il est peu développé quoique très résistant, et reste ainsi en accord avec la nature du cépage dont les rameaux sont plutôt rampants.

FLEUR. — Les fleurs érigées, tant que la grappe n'atteint pas un certain poids, sont généralement moyennes, rondes et très fournies de fleurons. Elles sont ailées quelquefois. La floraison s'accuse hâtive, souvent dans la première quinzaine de juin.

Fruit. — Les grappes, généralement nombreuses, n'ont pas toujours un très gros volume, quoique ce cépage soit considéré comme abondant. Elles sont cylindro-coniques, formées de grains ronds, très serrés, fournissant un jus doux et généreux. Le pédoncule est très ligneux, sa couleur est verte, et celle de la grappe d'un vert blanchâtre qui ne jaunit que dans les années de grande maturité. Cependant il arrive que le côté exposé aux rayons du soleil, se dore de taches roussâtres, signe de qualité pour le vin.

Graine. — Les graines sont grosses, bosselées et à bec arrondi. L'inflexion de la chalaze est peu accentuée.

Vin. — Le vin de Folle Blanche n'est guère utilisé qu'en Touraine et dans les régions voisines dont nous avons délimité l'aire géographique. Au delà, le produit de ce cépage passe presque en entier dans la fabrication des alcools.

Cependant, en ce pays, et surtout dans le Richelais, ce vin répond à des besoins et trouve une ample clientèle dans la consommation et

Fig. 34. — Feuille de Folle Blanche, face interne.

dans le commerce, non pas comme vins de qualité, mais comme usage courant. Dans ces régions les crus pouvant faire des vins de bouteille et de conservation sont très rares.

C'est un vin léger, atteignant 10° et même 11° dans les cas exceptionnels, mais descendant jusqu'à 6° ou 7° dans les mauvaises récoltes. Le défaut de maturité complète se produisant trop souvent, entraîne pour les moûts une acidité parfois excessive qu'il importe de combattre, et à laquelle une réglementation récente vient d'apporter un remède.

La Folle Blanche porte souvent, suivant les terrains, un goût caractéristique dit « de terroir » qui ne se montre guère que dans les bas crus. Dans le Richelais il est peu marqué et disparaît avec la qualité même moyenne. La production est extrêmement variable, parce que le cépage est d'une sensibilité extrême au froid, aux maladies et aux causes qui entravent la maturité complète.

De ce fait, il peut produire en moyenne 40 à 50 hectolitres à l'hectare, souvent beaucoup moins, mais dans les années d'abondance, il peut atteindre jusqu'à 80 hectolitres.

Les prix, qui restent toujours conformes à ceux que le grand commerce courant peut aborder, varient suivant la qualité et l'abondance, entre 40 et 50 francs en moyenne pour la jauge locale qui est de 225 litres.

Le Chasselas Précoce de Malingre.

Le Précoce de Malingre, qui est un Chasselas, ne remonte pas à une haute

Fig. 35. — Rameau de Chasselas Précoce de Malingre.

antiquité comme la plupart des cépages sucrés ou des Muscats, qui nous viennent certainement de la région romaine ou de l'Europe orientale.

Son auteur, M. Malingre, qui lui donna son nom, paraît l'avoir obtenu de semis avant 1850, et notre compatriote de La Dorée, M. le comte Odart, est le premier à l'avoir cultivé en ce pays et à en avoir goûté « avec plaisir » les raisins en 1851 et 1852 (1).

En tous cas, ce raisin mériterait d'être classé parmi les *apianæ* « les raisins des abeilles » dont parlent les poètes latins. C'est, en effet, lui adresser à la fois des éloges et une critique sérieuse; la maturité se produisant normalement fin août, à l'époque où il s'offre aux gourmets avides de primeurs, il s'ensuit que toutes les abeilles, guêpes et mouches à leur portée s'y précipitent et le ravagent irrémédiablement.

Quoi qu'il en soit, ce cépage qui produit, au choix, du vin et des raisins de table, possède des défenseurs et mérite qu'on en tienne compte.

SYNONYMIE. — *Chasselas Précoce de Malingre, Précoce de Malingre, Précoce blanc, Madeleine blanche de Malingre* (Indre-et-Loire, Centre, Région de la Loire).

SOUCHE. — Le Malingre s'adapte aisément aux principaux porte-greffes usités en Touraine selon les terrains; il s'y développe normalement. Les ramifications sont assez tortueuses et restent, maintenues par la taille, à peu de hauteur au-dessus du sol.

MORPHOLOGIE DU RAMEAU. — L'ensemble des rameaux prend l'aspect étalé, de bons accolages sont nécessaires,

Fig. 36.
Feuille de Chasselas Précoce de Malingre, face externe.

ainsi que des ébourgeonnages raisonnés qui ont pour but d'éviter la pousse en touffe et de diriger la sève vers les branches à fruit.

a) *Écorce.* — L'écorce est très ligneuse, assez lisse, d'une couleur vert tendre qui s'aoûte de bonne heure et prend la teinte du bois très clair. Elle n'est pas du tout flammée de carmin.

b) *Mérithalle.* — Très court, aux attaches sinueuses et peu renflées. Le fuseau est rond, égal, et le cylindre central d'un diamètre réduit, laissant la plus grande part au bois et à l'écorce.

(1) Le comte Odart, *Ampélographie universelle*, p. 310.

c) *Bourgeons*. — L'apparence des pousses est gracile et frêle. Les jeunes feuilles sont d'un vert jaunâtre très tendre, un peu papillonnées et touffues, sans trace de tissu aranéeux.

PHYLLOTAXIE. — Les feuilles sont nombreuses en raison du peu d'ampleur du mérithalle; elles sont peu développées, légèrement gaufrées, et prennent un aspect léger.

a) *Pétiole*. — L'attache du pétiole est assez irrégulière mais se fait souvent à angle droit par rapport au rameau; il est cylindrique, lisse, mince, très ligneux, glabre et vert très clair. La sécheresse le rend facilement caduc.

b) *Limbe*. — Le limbe est mince, d'un vert soutenu, qui tourne facilement au jaune; il s'attache presque toujours sur une ligne qui est le prolongement de celle du pétiole, il est quinquelobé peu profondément et lisse sur les deux faces, sans aucune trace de tomentum.

c) *Lobes*. — Les cinq lobes sont lancéolés, surtout les trois pointes inférieures, et les dents aiguës sont très régulièrement alternées, une grande et une petite.

d) *Sinus*. — Le sinus pétiolaire est en V peu ouvert dans toutes les jeunes et les petites feuilles. Il se ferme complètement en O dans les feuilles normales, à plus grand développement. Il est inscrit en entier dans le limbe qui en forme les bords sans le concours des nervures. Les sinus latéraux sont peu marqués et très peu profonds.

Fig. 37.
Feuille de Chasselas Précoce de Malingre,
face interne.

e) *Nervures* complètement glabres, d'un vert très clair, sans aucune flamme.

VRILLES. — Les vrilles sont très peu développées, minces et sans puissance, fixées seulement à l'extrémité des rameaux.

FLEUR. — La manne du Précoce de Malingre est sans grand développement, elle est ronde et trapue, pourvue de nombreux fleurons, qui s'ouvrent avant la mi-juin. Les fleurs sont souvent placées tout au long des rameaux et il en revient même tardivement dans les pointes; on les désigne, dans le pays, sous le nom de « revenus ».

Fruit. — La grappe est ronde, aux grains serrés et ovoïdes, peu ailée et n'atteignant jamais de grosses proportions. Les grains prennent une couleur jaune qui devient très dorée et même rousse. Ils sont petits mais juteux et donnent un jus très sucré et agréable. Le pédoncule reste vert, très ligneux et difficile à rompre.

Graine. — Le volume des graines est assez important, elles sont irrégulières, bosselées, au bec arrondi, et à chalaze noyée dans la masse.

Vin. — Le raisin du Chasselas de Malingre produit un vin sans grand degré d'alcool, et, par suite, incapable d'une longue conservation. Il est souvent menacé de la jaunissure. Son goût est doucereux, d'une saveur qui ne rappelle en rien le vin de Pineau. A vrai dire le vin de Malingre n'existe pas par lui-même ; les propriétaires qui en récoltent sur de petites surfaces, le vendangent de très bonne heure, souvent dans la première quinzaine d'août, et le font passer dans la clientèle des débits comme vin bourru, sous le nom de *Bernache*.

Comme on le voit l'obligation d'une vendange spéciale et hâtive, le peu d'avantages qu'on retire d'un mélange, après coup, avec le produit des autres cépages sont des obstacles qui ont fait tomber le Précoce de Malingre en défaveur.

Il n'est cultivé, en effet, que par exception ; son rendement, assez abondant, peut être évalué à 35 ou 40 hectolitres à l'hectare. Son prix est relativement élevé, 50 francs les 250 litres en moyenne, en raison de sa qualité de primeur.

Le Chasselas doré.

On donne généralement le nom de *Treille* à tous les cépages dits de table, qui ne sont pas cultivés en vue de la vinification et, par conséquent, en champ. Cette expression vient surtout de la disposition et du mode de culture ; elle a été appliquée indistinctement à toutes les variétés. Mais celle qui domine toutes les autres, par le nombre et par la qualité, est représentée par le type *Chasselas*.

Celui-ci comporte lui-même une série de variétés montrant des différences notables, de couleur, de forme de grappe, de goût ; cependant elles doivent être considérées comme identiques et appartenant au type original.

Ces descendants sont connus sous les noms de *Chasselas doré* ou *blanc*, *Chasselas rose*, *Chasselas violet*, *Chasselas de Falloux*. Dans ces conditions nous nous occuperons uniquement du Chasselas blanc, dit *Chasselas doré*.

Synonymie. — *Chasselas doré*, *Chasselas blanc*, *Chasselas de Fontainebleau*, *Chasselas de Thomery* (Touraine) ; *Raisin d'officier* (Hérault); *Abelione* (Ardèche); *Lardat*, (Isère et Drôme) ; *Fondant roux* (Suisse).

Souche. — La vigueur de la souche est exceptionnelle, sa résistance au Phylloxera a été telle qu'en de certains cas, encore visibles et nombreux, on peut rencontrer des chasselas, vivant avec le parasite, qui ne les a pas encore détruits complètement, et qui continuent à donner des fruits succulents. Le

Chasselas, malgré cela, toujours greffé partout où il a été replanté, et ses porte-greffes, ont suivi la règle générale des adaptations dans nos terrains divers. La taille est toujours élevée, soit sur cordons avec des bras s'étendant à droite et à

Fig. 38. — Rameau de Chasselas doré.

gauche, quelquefois de 1 à 3 mètres de longueur. La treille de Chasselas est très souvent, dans les campagnes. plantée à la façade des maisons qu'elle orne de ses pampres abondants; elle couvre aussi les pignons exposés au midi, de ses raméaux palissés avec soin pour une maturité hâtive. Tous les bois sont rabattus et les fruits, souvent très abondants, sont produits par les pousses sur coursons.

MORPHOLOGIE DU RAMEAU. — La force de la végétation des origines, se retrouve dans les rameaux qui sont développés, longs et étalés. Le bois reste fort, résistant, mais très effilé et mince vers les pointes. Le fuseau est rond, régulier, et le cylindre central très réduit.

a) *Écorce.* — Les tissus de l'écorce sont ligneux, marqués de rainures longitudinales ; sa teinte est d'un vert peu accentué et se flamme de nuances carminées, surtout vers les extrémités. A l'aoûtement le bois devient d'abord jaune clair, puis prend, par suite, une couleur d'ocre chaude.

b) *Mérithalle.* — Le mérithalle du Chasselas est plutôt court, noué fortement par des attaches qui donnent au rameau une forme sinueuse et inégale dans ses proportions.

c) *Bourgeons.* — L'extrémité des pousses est très caractéristique, elle porte, dès sa naissance, une couleur rousse qui donne aux bourgeons un aspect mordoré qui fait reconnaître l'espèce entre toutes. L'allure en est élégante, mais les premières feuilles se présentent un peu en touffe arrondie.

Fig. 39. — Feuille de Chasselas doré, face externe.

PHYLLOTAXIE. — Les feuilles sont assez abondantes et de grandeur moyenne ; elles sont symétriques et opposées.

a) *Pétiole.* — Le pétiole est attaché presque à angle droit sur le rameau, dans une attitude érigée et vigoureuse malgré son faible diamètre. Il est cylindrique, flammé de carmin, très ligneux, facilement caduc à l'automne.

b) *Limbe.* — Le parenchyme montre un tissu léger, mince, d'un joli vert, plutôt clair jaunâtre. Il s'attache à angle droit au pétiole, reste lisse, glabre sur les deux faces, moyennement développé et de forme allongée vers la pointe.

c) *Lobes.* — La feuille quinquelobée est très accusée par les deux sinus inférieurs, mais peu par ceux du haut du limbe, qui est assez découpé de dents obtuses, petites et grandes, alternées. Les pointes des lobes latéraux et du lobe central sont lancéolées et terminées par un dent très aiguë.

d) *Sinus*. — Le sinus pétiolaire est extrêmement étroit et fermé ; les bords du limbe, le forment en entier, indépendamment des nervures, et se recouvrent fortement à leur partie supérieure. Les sinus latéraux sont très peu marqués alors que ceux des lobes inférieurs sont profonds et étroits.

e) *Nervures*. — Les nervures sont claires sur la face externe et flammées sur le revers. De ce côté elles sont recouvertes de poils érigés, pas très serrés et courts.

VRILLES. — Les attaches sont peu abondantes et grêles, elles sont placées surtout à l'extrémité des rameaux ; elles sont ligneuses et durcissent vite à l'automne.

FLEUR. — Les caractères des fleurs n'offrent rien de particulier : elles sont longues, ailées, pourvues de nombreux fleurons, d'un développement considérable qui annonce un fruit généreux et beau.

FRUIT. — La grappe du Chasselas doré, de toutes les variétés de cette espèce, est belle, ample, longue, ailée, fournie d'abondants grains qui réjouissent la

Fig. 40. — Feuille de Chasselas doré, face interne.

vue autant que le goût. Le pédoncule est très ligneux et reste vert, ainsi que les pédicelles. Le grain est cylindrique, souvent gros, à pellicule fine qui se dore du côté du soleil et donne un jus sucré et savoureux. La maturité est précoce, elle se produit, en moyenne, du 10 ou 15 septembre.

GRAINE. — Les graines sont au nombre variable de 2 à 4, noyées dans une pulpe juteuse. Elles sont ovoïdes, arrondies à la partie supérieure, et au bec accentué en pointe. La chalaze est aplatie au fond d'une dépression qui la rend indécise.

LA PRODUCTION. — Ainsi que nous l'avons déjà dit le Chasselas n'est pas un cépage produisant un vin appréciable. Les essais qui ont été tentés n'ont donné qu'un produit sans alcool, plat, et sans conservation ni parfum.

Au contraire, les grappes sont très recherchées comme raisins de table et passent toutes dans cette consommation.

Il n'y a pas, en Touraine, comme aux environs de Paris ou à Fontainebleau et Thomery, de grandes cultures de Chasselas. Mais, auprès des centres importants, il n'est pas un petit vigneron ou un jardinier, qui n'ait une série de treilles bien soignées et bien exposées au midi, dont il ne manque pas d'exploiter les produits précoces, pour la ville voisine, dans des conditions avantageuses.

CHAPITRE V

LES CÉPAGES BLANCS DIVERS

Ainsi que nous l'avons déjà fait pour les cépages rouges, nous terminerons
cette étude ampélographique par une énumération des cépages blancs anciens,
disparus du pays ou cultivés à titre d'exception, et dont il paraît intéressant de
conserver au moins le souvenir, avant que l'usage les ait définitivement aban-
donnés.

Nous en essaierons une description pour tous ceux dont nous possédons des
exemplaires ou que nous avons pu étudier chez des viticulteurs locaux.

La Bicane.— Ce nom, qui est le seul qui soit employé en Touraine depuis plusieurs
siècles, au moins pour cette variété, n'est autre que *La Panse jaune* venue chez
nous de la Provence à une époque inconnue.

Disons de suite que ce cépage est tombé dans un oubli profond ; la reconstitution l'a fait sombrer dans le flot montant des variétés nouvelles, et nous n'en
connaissons guère, à l'heure actuelle, de représentant que chez un propriétaire
de la commune de Restigné près de Bourgueil. Le Chinonais a été certainement
son aire géographique ancienne : on n'en trouve pas de trace ailleurs, et Rabelais nous en fait part.

Synonymie. — *Bicane* (Indre-et-Loire); *Panse jaune Acchivi* (Gard) ; *Raisin des Da-
mes* (Vaucluse) ; *Chasselas Napoléon, Chasselas d'Alger* (Environs de Paris).

Ainsi que le fait remarquer le comte Odart, ces deux derniers noms ne peuvent
être appliqués à ce cépage, qui n'a rien de commun avec les caractères du Chasselas. Tout au contraire, il semblerait se rapprocher des Petits Pineaux tout en
en restant fort loin par les mérites et la qualité du vin.

La souche était très vigoureuse dans nos anciens vignobles où elle croissait
franche de pied. De nos jours il semble qu'elle s'accommode du greffage bien que
la comparaison soit difficile en présence de cas isolés.

Le port des sarments est étalé, ils sont forts, aux mérithalles longs et aux
feuilles moyennes. Celles-ci sont glabres sur la face externe et pourvues, sur la
face interne, de poils érigés et rares.

Le fruit est de toute beauté, et a souvent été choisi pour parer la table au des-
sert. La grappe est grosse, conique, ailée, abondante, pourvue de grains ovoïdes, gros, d'un beau jaune, au jus sucré, un peu fade. La pellicule est peu résistante et se crève dès la maturité ou au moindre excès d'humidité.

Sa production est abondante si on considère le fruit parvenu à maturité, mais la sortie des mannes et leur conservation sur les rameaux ne sont pas régulières et rendent le produit capricieux. Sa coulure habituelle peut être combattue par le greffage, mais cet énorme défaut, joint à la qualité ordinaire du vin qui résulte de raisins plutôt destinés à la consommation de table, sont les causes d'un abandon presque général de ce cépage. Il faut noter cependant que sa maturité très hâtive permettait, comme pour le Chasselas de Malingre, de livrer de bonne heure à la consommation, des vins bourrus assez recherchés par leur douceur.

Franc-Aubier, Auberon. — Ces deux noms, qui sont vraisemblablement ceux d'un même cépage, se rapportent, par suite d'une déformation du langage local, à l'Aubin blanc qui nous vint jadis des coteaux de la Moselle. Julien le cite comme l'un des cépages répandus dans l'arrondissement de Loches sous le nom d'Auberon. Rabelais, dans son même chapitre où il énumère une série de noms de cépages anciens, cite le Franc-Aubier.

L'*Aubin blanc* est donc un cépage qui semble n'avoir qu'une variété, l'*Aubin vert* qui est moins estimé comme qualité et production. La souche est vigoureuse, les sarments étalés et forts, les feuilles bullées, papillonnées, glabres sur la face externe, légèrement tomenteuses sur la face interne. Les grappes sont cylindriques, peu ailées, les grains en sont assez fournis, ronds, roussis par le soleil, bons au goût, savoureux et sucrés, mûrs de bonne heure.

Foirault, Foyard. — Ces deux noms qui sont perdus dans l'usage courant depuis fort longtemps, ne nous parviennent que par les citations de Rabelais et de Julien, lesquels n'en parlent que comme des |cépages exclusivement cultivés dans l'arrondissement de Chinon. Cette circonstance nous permet de penser que nous nous trouvons en présence du cépage blanc que nous venons d'étudier : la Bicane, et nous serions tenté de croire que ce nom, ou ces deux noms, qui se résument en un seul, ont été tout bonnement créés par Rabelais, dans son langage subtil et imagé, pour désigner le vin de Bicane, qui, consommé de bonne heure, avant fermentation, provoquait des troubles digestifs dont le nom passa aux cépages eux-mêmes.

Le Grolleau-blanc. — Cette variété blanche du Grolleau de Cinq-Mars a totalement disparu, car il nous semble bien qu'on n'en retrouverait pas d'exemplaire ayant subsisté après la reconstitution. Ces caractères sont identiques à ceux de la variété rouge, même aspect, reconnaissance difficile en dehors du raisin qui est identique lui-même, sauf pour la couleur. Le vin, que nous n'avons jamais eu l'occasion de connaître, est, d'après l'avis du comte Odart, sans valeur et le cépage qui le produit sans mérite.

Le Melon. — Ce nom qui est fort peu répandu de nos jours, mais l'était plus autrefois, se rapporte simplement à une variété du *Gamay blanc* qui nous vient de la Bourgogne et de la Champagne. Il s'est fort bien acclimaté en Touraine, mais a subi, comme bien d'autres, le sort commun, et a disparu de nos cultures.

Il y a lieu cependant de ne pas confondre deux variétés qui s'en rapprochent, qui ont porté le même nom, et pourtant n'ont pas la même origine :

Le Melon du Jura est une forme du Pinot blanc Chardonnay connu en Bourgogne, et que nous verrons plus loin ; *le Melon de l'Yonne* qui est celui de la Touraine, est au contraire un Gamay blanc. L'un et l'autre ont été souvent confondus, il y a un intérêt au moins rétrospectif à les distinguer, c'est pourquoi nous nous arrêterons quelque peu sur ce dernier.

Il y a d'ailleurs quelques différences de nom et de nature que nous allons préciser.

Synonymie. — *Melon* (Indre-et-Loire, Yonne); *Gamay Blanc, Feuille ronde* (Doubs, Jura, Saône-et-Loire); *Lyonnaise blanche* (Allier); *Barrolo* (Italie).

Description. — La souche de ce cépage est moyennement vigoureuse et a le port étalé ; les sarments, cependant sont forts, le bois gros et cylindrique, prenant une teinte grisâtre après l'aoûtement ; la taille est courte, mérithalle court, feuilles larges, très faiblement trilobées, aux sinus peu marqués et à dents obtuses. La face externe des feuilles est lisse, peu bullée, glabre. La face interne est pourvue d'un tomentum abondant. La grappe est conique, peu ailée, garnie abondamment de grains sphériques très serrés, dont la maturité est lente, mais se précipite rapidement, vers sa fin, au point que la pourriture est à redouter.

Le vin produit est médiocre, sa force alcoolique est faible, il manque de caractère et de bouquet, et se conserve mal en raison du mauvais équilibre de ses éléments constitutifs qui le rendent sujet à la graisse. Le rendement pourrait être abondant s'il n'était réduit par les accidents de fin de saison, pourriture et maladies cryptogamiques.

MENU PINEAU. — Ainsi que nous l'avons déjà indiqué dans l'article consacré au Petit Pineau, le cépage, connu sous le nom de *Menu Pineau* est son parent très proche. Il porte aussi parfois le nom de *Verdet* en raison de ce que les grappes de certaines souches conservent une couleur verte et froide même au temps de la maturité.

En Touraine, ce cépage ne porte guère que ces deux noms, mais dans le Loir-et-Cher et dans l'Orléanais, il est connu sous le nom d'*Arbois* ou d'*Orbois*. Il ne faudrait pas le confondre avec le *Plant d'Arbois*, du Jura, qui est connu dans l'Est sous les noms divers de *Poulsart* dans l'Ain et le Doubs. Le comte Odart l'a nettement différencié et nous partageons son opinion, bien que ce cépage ne nous intéresse pas au point de vue de cette étude.

Nous ne sommes pas très sûrs que ce Verdet ne soit pas également une métamorphose de l'un ou de l'autre des Petits Pineaux ; mais, au milieu de telles subtilités, que deviendrions-nous, si nous devions nous arrêter?

Les caractères distinctifs du Menu Pineau sont donc résumés surtout dans le fruit. Les grappes sont moyennes, formées de grains menus, très serrés au point de n'être plus cylindriques. Contrairement aux autres variétés, la pellicule du grain est molle et se rompt facilement. Sous l'action d'une bonne température la maturité dorée s'acquiert normalement. Le vin produit par ce cépage est semblable à celui du Petit Pineau, il en a le même rôle et passe dans la masse de la production sans y laisser de trace.

LE MESLIER. — Les Mesliers sont représentés par plusieurs variétés, entre autres le *Meslier blanc*, le *Meslier vert* qui sont fort peu répandus maintenant, mais qui, pour le premier du moins, ont eu autrefois un développement plus considérable.

Ce cépage, dont le nom vient surtout du Jura et de la Nièvre, porte aussi les noms divers de *Meslier jaune*, *Gros Meslier*, *Meslier de Saint-François*, *Arnoison*, *Chardonnay*, *Auvernat*, *Plants de Tonnerre*, *Beaunois*.

C'est sous le nom de *Pineau blanc Chardonnay* et d'*Arnoison* que nous l'examinerons plus loin ; pour le moment distinguons sommairement les deux variétés de Mesliers en disant que les différences ampélographiques ne se rencontrent, sous une forme sensible, que dans le fruit. La forme du grain est sphérique, celui-ci est petit, à pellicule mince chez le *blanc*, et épaisse chez le *vert*. Les grappes sont petites, cylindro-coniques, la couleur de la première variété est plus jaune, plus dorée à la maturité que celle de la deuxième qui présente également un jus moins sucré et une qualité moindre, par conséquent ; le maturité est très précoce.

LES MUSCATS (*Apianæ* des Latins). — La liste des Muscats, cultivés presque tous à titre d'exception en Touraine, est fort longue, les principaux se résument à peu près à la série suivante : *Muscat blanc*, *Muscat gris* ou *rose*, *Chasselas musqué*, *Muscat Eugénin* (du comte Odart), *Muscat de Jésus*, *Muscat Caminada*, *Muscadelle*, *Muscadeaulx* (de Rabelais).

Tous ces cépages sont cultivés, bien entendu, comme raisins de table et ne servent aucunement à la vinification. Ils sont tous représentés par le type du genre le plus répandu : le *Muscat blanc* avec lequel ils offrent quelques dissemblances de détails ; nous nous arrêterons seulement ci-après sur cette variété. Disons seulement en passant que :

1° *Le Chasselas musqué*, contrairement à l'opinion émise par le comte Odart (1) est bien réellement un composé de l'espèce Chasselas et du Muscat, par la constitution de sa grappe plus longue, aux grains plus écartés, et par le goût musqué assez affaibli ; il ne peut y avoir d'hésitation, les caractères, joints à ceux d'une feuille plus découpée de sinus profonds, sont suffisants pour le déterminer ;

2° *Le Muscat Eugénien* a reçu ce nom du comte Odart qui, en helléniste avisé, a voulu ainsi l'élever au-dessus des autres variétés en proclamant l'heureux ensemble des qualités qu'il présente. A la vérité, ce cépage n'a rien du Chasselas, sa grappe est cylindrique, aux grains moins serrés que ceux du Muscat, mais plus que ceux du Chasselas. Les feuilles sont très creusées par les sinus et les dents sont aiguës. Le goût musqué est plus prononcé que celui du Chasselas musqué ;

(1) *Ampélographie universelle*, p. 349.

3° *Le Muscat de Jésus* n'est autre qu'une variété *musquée* du *Chasselas de Jésus*, ainsi nommé pour les qualités du goût et la beauté de l'aspect de grappes opulentes et délicates. Les grains sont ovoïdes, gros, charnus, attachés à des pédicelles et à un pédoncule ligneux, verts et très longs qui les rendent peu serrés. Les feuilles sont très papillonnées.

La maturité est très précoce et il est souvent difficile de défendre ce raisin contre la pourriture et les insectes;

4° *Muscadelle, Muscadet.* — La Muscadelle, qui est celle de la Gironde et de la Dordogne, est aussi connue sous une série de noms qui n'ont pas cours en Touraine. La maturité est difficile sous notre climat, du moins par ce que nous pouvons constater de nos jours. Il est à supposer que c'est une exposition et des terrains de choix qui ont fait produire aux siècles passés, quelques barriques d'exception, que Rabelais, qui s'y connaissait, n'avait pas été sans remarquer dans le Chinonais, et dont il parle sous le nom de Muscadaulx (1).

Description du Muscat blanc. — La variété mère, la plus répandue dans les vignobles anciens et dont on retrouve la trace par les redevances féodales de vin de muscat qui étaient dues aux possesseurs du fief, renferme des caractères très connus par les viticulteurs méridionaux. Ceux-ci ne se sont pas altérés en Touraine ; la souche est moyennement vigoureuse, les sarments ont le port étalé, ils sont gros, au mérithalle court ; la feuille est pour ainsi dire trilobée, bien qu'on rencontre des exemples de feuilles découpées en cinq lobes, mais elles présentent la particularité du lobe central peu développé, alors que les sinus latéraux supérieurs, très profonds, découpent le limbe et le rendent plus large que long. La face externe est verte, lisse et glabre, alors que la face interne, plus claire, porte quelques poils érigés sur les nervures. La grappe est ronde, de moyenne grosseur, portant des grains sphériques, d'un beau jaune doré ; elles sont soutenues, par un pédoncule ligneux, et vert. La maturité très précoce se produit, en moyenne, dans les premiers jours de septembre. Le goût est musqué, savoureux, très sucré, la pulpe importante, le jus peu abondant.

PINEAU BLANC CHARDONNAY. — Le Pineau blanc Chardonnay, ou simplement, le Chardonnay, est plus généralement connu en Touraine sous le nom d'*Arnoison*. Ainsi que nous l'avons indiqué plus haut, cette variété qui est réellement un Pineau, porte ailleurs le nom de *Meslier* qui nous est revenu sans doute du Jura et de la Nièvre qui paraissent ses pays d'origine.

Description. — Après les cépages principaux que nous avons analysés en détail, le Chardonnay ou Arnoison est l'un des cépages de troisième plan les plus répandus. Cependant il ne faut le comprendre que comme une culture restreinte et d'exception.

Il mériterait peut-être mieux, car sa *souche* est vigoureuse et très résistante, il s'adapte bien par le greffage et semble y prendre plus d'équilibre dans ses parties

_____
(1) *Gargantua*, chap. xxv.

diversés. Les *sarments* sont étalés, de bois moyen, et au *mérithalle* plutôt court.
Les *feuilles* arrondies, régulières, peu bullées, d'un vert assez jaunâtre. La *grappe*
est peu ailée, petite, assez longue, aux grains moyennement serrés, très légèrement ovoïdes, contrairement à ce qui a été écrit quelquefois, d'une couleur
verte, assez caractérisée, mais se dorant violemment à l'exposition du soleil.

Le jus est d'une saveur agréable, plus marquée que celle du Pineau de la Loire,
mais bien moins sucré. La production n'est pas abondante, elle passe toute dans
le mélange des autres cépages, elle peut être évaluée à une vingtaine d'hectolitres
à l'hectare, c'est ce manque de générosité qui, certainement, a fait abandonner
le Chardonnay par les viticulteurs.

Il est juste de rappeler cependant que le cépage, qui produit les grands crus
Bourguignons de Pouilly et de Montrachet, se montre plus fructifère dans cette
région où il est cultivé sur de vastes espaces.

Le Pineau Longuet. — Au même titre que le Verdet, l'Arbois et le menu
Pineau, le *Pineau Longuet* est un descendant du Pineau de la Loire, mais à une
très lointaine distance. Nous croyons même qu'il est complètement disparu du
pays, et nous ne le citons qu'à titre rétrospectif. Le défaut presque complet de
qualités, et la présence de défauts graves, sont la cause de cet abandon. Le
Pineau Longuet est plus vigoureux, ses grappes sont fort réduites; les grains
très espacés et petits produisent un vin médiocre.

Le Fromenteau. — Nous dirons seulement deux mots de la variété blanche
du Fromenteau qui a déjà été citée, pour la variété rouge, dans notre chapitre II.
Ce cépage est peu connu en Touraine, à l'heure actuelle; les auteurs anciens
seulement en font mention. Son nom d'origine est la *Roussanne* qui nous est
venue sans conteste du Dauphiné. Cette variété, qui est assimilable aux Pinots
de Bourgogne et de Champagne, est cultivée dans l'Ardèche où elle produit des
vins estimés; en Touraine elle n'a obtenu que de maigres résultats et sa
culture est restée sans avenir.

Le Sauvignon. — Le Sauvignon est le nom répandu, surtout de nos jours, pour
désigner un cépage blanc qui était autrefois connu sous le nom de *Surin*. Les
écrivains anciens, et Rabelais le premier, le désignaient par l'appellation *Fié* qui
est restée, dans la campagne chinonaise et dans la Vienne, en s'alliant à la
première désignation pour former le nom de *Surin Fié* qui a cours encore dans
le centre-ouest. Ce cépage est d'ailleurs originaire de la Gironde.

Les *synonymes* sont : *Sauvignon* (Gironde, Sud-Ouest, Charente); *Surin Fié*
(Loir-et-Cher, Indre-et-Loire, Maine-et-Loire, Vienne); *Blanc Fumé* (Nièvre);
Servonien, Savangnin (Bourgogne); *Puinechou* (Gers).

La souche est vigoureuse, au port étalé, les sarments sont longs et le mérithalle est moyen. Les *feuilles* sont larges, peu développées, trilobées; *sinus* en V.
La *grappe* est moyenne, serrée de grains ovoïdes, au jus abondant, sucré et d'une
saveur très agréable. Le produit a rarement donné lieu à des vins spéciaux, le
raisin est presque toujours mélangé aux autres variétés plus locales, auxquelles il

communique, comme dans la Gironde, pour les Sauternes par exemple, un supplément de qualité.

Le Sémillon. — C'est encore la Gironde qui a fourni, à diverses régions françaises, ce cépage de haute valeur, mais qui n'a guère mérité sa grande réputation que dans son pays d'origine.

Synonymie. — *Semillon* (Gironde, Touraine, Anjou); *Colombar* (Gironde); *Chevrier* (Dordogne); *Goulu blanc* (Isère); *Malaga* (Lot).

La *souche* est assez robuste, les *sarments* sont très gros et les *mérithalles* courts. Les *feuilles* sont assez irrégulièrement découpées, mais souvent quinquelobées, et pourvues de *sinus* très profonds. Le sinus pétiolaire est ouvert en V. Les *grappes* sont très grosses, ailées, pourvues de grains sphériques, assez peu serrés et donnant en abondance un jus sucré, agréable et parfumé.

Ce cépage des plus connus et dont les qualités se sont amoindries en Touraine, entre, pour une large part, dans la composition des grands vins du Sauternois, c'est dire quels sont ses mérites.

Le Tendrier. — Voici encore un nom que nous tenons à sauver de l'oubli, et dont il n'est possible de parler qu'à titre historique. Il n'en existe guère désormais que quelques souches isolées dans l'arrondissement de Loches; elles tendent à disparaître de jour en jour et, bientôt, ce cépage ne sera plus qu'un souvenir.

La *souche* est très vigoureuse, étalée, les *sarments* sont forts, très longs, poussent avec une vigueur qui entraîne toute la végétation et détermine une coulure intense. Nous connaissons des pieds qui n'ont pu être rendus fructifères même avec 5 ou 6 verges.

Il nous a semblé qu'il doit se rapporter aux cépages que nous avons déjà cités sous les noms de Bicane, d'Auberon ou Foyard.

De préférence nous le rapprocherons de l'*Auberon* ou *Franc-Aubier*, appelé encore *Aubin blanc*, parce que ce cépage est également de la même région tourangelle, et qu'il nous paraît avoir les mêmes aspects extérieurs : souche vigoureuse, feuille similaire, facilité à la coulure, grappe cylindrique, fournie de grains sphériques, au jus abondant, sucré et de maturité hâtive.

Le mince intérêt qui s'attache à ce cépage perdu dans le passé, ne nous permet pas de le considérer plus longuement.

Nous arrêterons ici la liste qui termine cette étude, dans laquelle nous avons essayé de fixer les points restés incertains dans l'examen de nos cépages locaux, et de remettre au point moderne une question que la reconstitution du vignoble, par les porte-greffes américains, a complètement modifiée.

TABLE DES MATIÈRES

Paris. — Imprimerie Levé, 17, rue Cassette.